装备制造大类新形态教材

数字电子技术

主　编　余秋香
副主编　李　健　王令剑　何海斌
　　　　肖晶晶　张华桢　仵　浩
　　　　钟世云　罗国虎　黎小桃

哈尔滨工业大学出版社

内 容 简 介

本书是由校企合作共同开发的新形态教材,紧跟时代特色,融入课程思政及"1+X"证书内容,配套江西省职业教育装备制造类精品在线开放课程资源,支持移动学习,可用于线上线下混合教学。全书采用项目式编写,内容包括逻辑笔电路的设计与制作、三人表决器电路的设计与制作、数码显示电路的设计与制作、抢答器电路的设计与制作、报警器电路的设计与制作、数字电子钟电路的设计与仿真6个学习项目,内容充分体现了任务驱动的教学特点,通过任务导入、知识链接、任务实施、任务总结等步骤完成任务的教学。每个学习项目均用 Proteus 进行仿真,实现教、学、做一体化,充分调动学生学习的主动性,使学生具备数字电路基本知识和综合运用技能,能够完成小型实用数字电子电路的设计、制作与调试。

本书可作为高等职业院校电类相关专业的教学用书,也可供有关工程技术人员参考。

图书在版编目(CIP)数据

数字电子技术/余秋香主编. —哈尔滨:哈尔滨工业大学出版社,2024.4

ISBN 978−7−5767−1310−7

Ⅰ.①数… Ⅱ.①余… Ⅲ.①数字电路−电子技术−教材 Ⅳ.①TN79

中国国家版本馆 CIP 数据核字(2024)第 068737 号

策划编辑	王桂芝
责任编辑	李长波 周轩毅
出版发行	哈尔滨工业大学出版社
社　　址	哈尔滨市南岗区复华四道街 10 号　邮编 150006
传　　真	0451−86414749
网　　址	http://hitpress.hit.edu.cn
印　　刷	辽宁新华印务有限公司
开　　本	787 mm×1 092 mm　1/16　印张 14.75　字数 340 千字
版　　次	2024 年 4 月第 1 版　2024 年 4 月第 1 次印刷
书　　号	ISBN 978−7−5767−1310−7
定　　价	46.80 元

(如因印装质量问题影响阅读,我社负责调换)

前　　言

本书是国家骨干高职院校建设项目中课程改革的成果,教材内容深入贯彻落实党的二十大精神,紧扣高等职业院校办学特色,以行业企业需求与岗位能力要求为依据,按照"校企合作,项目引导,任务驱动,教、学、做一体化"的原则编写。本书可作为高等职业院校电类相关专业的教学用书,也可供相关工程技术人员参考。

"数字电子技术"课程是电类专业的一门核心课程,具有发展迅速、理论性强和实践性教学要求高的特点。经过数年课程改革的探索与实践,本课程采用基于典型工作任务的项目教学法,实施工作任务驱动,将专业理论知识贯穿于实践任务,把职业素质的提升融入教学过程,注重创新能力培养,强化实践能力训练,精心培育高素质技术技能型人才。

本书将项目课程的特色贯穿始终,在立德树人根本任务的新高度下,将工匠精神等思政元素融入专业人才培养过程。本书注重内容设置的实用性、可行性、科学性和实践性,遵循学生的认知规律,符合职业成长规律,让学生实现"做中学"和"学中做",教、学、做一体化,充分调动学习的主动性,激发学习热情。本书以任务为载体选择教学内容和技能训练,通过任务导入、知识链接、任务实施、任务总结等步骤完成任务的教学。每个任务后增加了任务总结和任务测试,用于巩固知识、开阔视野,提高分析与解决实际问题的能力,完成从理论知识到职业能力的转化。全书共有 6 个学习项目,分别为逻辑笔电路的设计与制作、三人表决器电路的设计与制作、数码显示电路的设计与制作、抢答器电路的设计与制作、报警器电路的设计与制作、数字电子钟电路的设计与仿真。每个任务都用 Proteus 进行仿真实现。

本书由江西应用技术职业学院的余秋香主编,负责全书的内容结构安排、工作协调及统稿工作。参与编写的还有江西应用技术职业学院的李健、王令剑、何海斌、肖晶晶、张华桢、罗国虎、黎小桃,江西冠英智能科技股份有限公司的仵浩,以及赣州市同兴达电子科技有限公司的钟世云。具体编写安排如下:项目 1、项目 2 由余秋香编写,项目 3 由李健编写,项目4由王令剑和何海斌编写,项目5由肖晶晶、张华桢和仵浩编写,项目6由钟世云、罗国虎和黎小桃编写。

  本书内容涉及面广,编写难度大,由于编者水平有限,书中难免存在不足之处,恳请广大读者批评指正。

编 者
2024 年 3 月

目　　录

项目 1　逻辑笔电路的设计与制作 ……………………………………………………… 1
　　任务 1.1　数制与码制 …………………………………………………………………… 1
　　任务 1.2　门电路的基本知识 …………………………………………………………… 11
　　任务 1.3　复合逻辑门电路 ……………………………………………………………… 14
　　任务 1.4　集成门电路逻辑功能的测试与应用 ………………………………………… 19
　　任务 1.5　逻辑笔电路的设计与仿真 …………………………………………………… 27
　　任务 1.6　逻辑笔电路的制作与调试 …………………………………………………… 35

项目 2　三人表决器电路的设计与制作 ………………………………………………… 41
　　任务 2.1　逻辑函数 ……………………………………………………………………… 41
　　任务 2.2　公式化简法 …………………………………………………………………… 44
　　任务 2.3　卡诺图化简法 ………………………………………………………………… 45
　　任务 2.4　组合逻辑电路的分析与设计 ………………………………………………… 49
　　任务 2.5　三人表决器电路的设计与仿真 ……………………………………………… 52
　　任务 2.6　三人表决器电路的制作与调试 ……………………………………………… 58

项目 3　数码显示电路的设计与制作 …………………………………………………… 63
　　任务 3.1　加法器 ………………………………………………………………………… 63
　　任务 3.2　编码器 ………………………………………………………………………… 69
　　任务 3.3　译码器 ………………………………………………………………………… 73
　　任务 3.4　数码显示电路的设计与仿真 ………………………………………………… 81
　　任务 3.5　数码显示电路的制作与调试 ………………………………………………… 85

项目 4　抢答器电路的设计与制作 ……………………………………………………… 95
　　任务 4.1　时序逻辑电路概述 …………………………………………………………… 95
　　任务 4.2　基本 RS 触发器 ……………………………………………………………… 101
　　任务 4.3　同步 RS 触发器和主从 RS 触发器 ………………………………………… 105

  任务 4.4 JK 触发器 ………………………………………………………………… 110
  任务 4.5 D 触发器 ………………………………………………………………… 115
  任务 4.6 T 触发器和 T′触发器 …………………………………………………… 120
  任务 4.7 抢答器电路的设计与仿真 ……………………………………………… 123
  任务 4.8 抢答器电路的制作与调试 ……………………………………………… 127

项目 5 报警器电路的设计与制作 ………………………………………………… 132
  任务 5.1 定时器 …………………………………………………………………… 132
  任务 5.2 单稳态触发器电路 ……………………………………………………… 137
  任务 5.3 多谐振荡器电路 ………………………………………………………… 142
  任务 5.4 施密特触发器电路 ……………………………………………………… 146
  任务 5.5 报警器电路的设计与仿真 ……………………………………………… 155
  任务 5.6 报警器电路的制作与调试 ……………………………………………… 161

项目 6 数字电子钟电路的设计与仿真 …………………………………………… 171
  任务 6.1 时序逻辑电路 …………………………………………………………… 171
  任务 6.2 二进制计数器 …………………………………………………………… 177
  任务 6.3 十进制计数器 …………………………………………………………… 186
  任务 6.4 任意进制计数器 ………………………………………………………… 191
  任务 6.5 数字电子钟电路的设计与仿真 ………………………………………… 204

参考文献 ……………………………………………………………………………………… 216

附录 部分彩图 ……………………………………………………………………… 217

项目 1　逻辑笔电路的设计与制作

项目描述

在数字电路检测中经常需要对电路板的逻辑输出状态进行判断,以便了解电路的工作情况,找到故障点并进行排除。逻辑笔通过不同颜色的 LED 灯直接显示输出电平的状态,具有操作简单、使用方便、便于携带等优势,在业界使用非常广泛。本学习项目的目标是设计和制作一个简易的逻辑笔。本学习项目共包括 6 个任务,分别是数制与码制、门电路的基本知识、复合逻辑门电路、集成门电路逻辑功能的测试与应用、逻辑笔电路的设计与仿真、逻辑笔电路的制作与调试。

学习目标

通过本项目的学习,要求:

(1) 具有严谨计算的能力,养成科学思维,具有团队协助精神。
(2) 知道数制和数制转换的基本知识,能进行数制转换。
(3) 了解 BCD 码的编码规律,掌握 8241BCD 码。
(4) 了解基本逻辑门的真值表、表达式和逻辑符号。
(5) 了解复合逻辑门的基本知识,能应用逻辑门进行简单逻辑电路的设计,熟悉集成逻辑门的参数。
(6) 能设计和仿真逻辑笔电路。
(7) 能制作和测试逻辑笔电路。
(8) 熟悉逻辑电路的故障排除方法,能根据故障现象,利用逻辑笔来找出故障点,排除故障。

任务 1.1　数制与码制

任务导入

党的二十大报告指出:"必须坚持问题导向。问题是时代的声音,回答并指导解决问题是理论的根本任务。"本任务将提出并回答以下问题:什么是数字信号?什么是数字电路?什么是数制?什么是编码?

通过学习我们将会知道:数字信号包括0和1;数字电路是处理数字信号的电路;基本的数制包括二进制、八进制、十进制和十六进制数;在数字系统中,由0和1组成的二进制数不仅可以表示数值的大小,还可以用来表示特定的信息,常见的编码包括8421码、2421码、5421码、余3码和格雷码。

任务目标

(1) 掌握数字信号和数字电路的定义。
(2) 能正确表示二进制数、八进制数和十六进制数。
(3) 能进行不同数制间的转换。

知识链接

1. 数字信号的定义

数字信号指自变量是离散的、因变量也是离散的信号,这种信号的自变量用整数表示,因变量用有限数字中的一个数字表示。在计算机中,数字信号的大小常用有限位的二进制数0和1表示。从哲学角度看,0象征无,1象征存在的万物。做一件事,它的意义是1,后面的0越多,意义越大;反之,没有了1,后面的0再多也没有意义。例如,字长为2位的二进制数可表示4种不同大小的数字信号,它们分别是00、01、10和11,若信号的变化范围为$-2\sim 2$,则这4个二进制数可表示4段数字范围,即$[-2,-1)$、$[-1,0)$、$[0,1)$和$[1,2]$。

由于数字信号是用两种物理状态来表示0和1的,故其抗干扰能力比模拟信号强很多,包括抵抗材料本身的干扰和环境干扰的能力;在现代技术的信号处理中,数字信号发挥的作用越来越大,几乎所有复杂的信号处理都离不开数字信号;或者说,只要能把解决问题的方法用数学公式表示,就能用计算机来处理代表物理量的数字信号。

2. 数字电路的定义

用数字信号完成对数字量的算术运算和逻辑运算的电路称为数字电路,也称为数字系统。由于它具有逻辑运算和逻辑处理的功能,因此又称为数字逻辑电路。现代数字电路由半导体工艺制作的若干数字集成器件构成,逻辑门是数字逻辑电路的基本单元,存储器是用来存储二进制数据的数字电路。从整体上看,数字电路可以分为组合逻辑电路和时序逻辑电路两大类。

数字电路是由许多逻辑门组成的复杂电路。与模拟电路相比,它主要进行数字信号的处理(即信号以0与1两个状态表示),因此抗干扰能力较强。一个完整的数字电路一般由控制部件和运算部件组成,在时钟脉冲的驱动下,控制部件控制运算部件完成所要执行的动作。 通过模数转换器(analog-to-digital converter, ADC)、数模转换器(digital-to-analog converter, DAC),数字电路可以和模拟电路互相连接。

任务实施

1. 数制及其转换

(1) 数制。

数制是计数进位制的简称。日常生活中,人们最熟悉的数制是十进制,但是十进制并非唯一的计数方法,其他的计数方法如一天等于二十四小时,一年等于十二个月等。常用的数制包括十进制、二进制、八进制和十六进制。

① 十进制。

十进制数用下标"10"或"D"表示。十进制数有 0、1、2、3、4、5、6、7、8、9 共 10 个数码,通常把数制中所有的数码个数称为基数。十进制的基数为 10,它是逢 10 进位。

任意一个 N 位十进制的数可以展开为

$$(N)_{10} = K_{n-1} \times 10^{n-1} + K_{n-2} \times 10^{n-2} + \cdots + K_0 \times 10^0 +$$
$$K_{-1} \times 10^{-1} + \cdots + K_{-m} \times 10^{-m} \quad (1.1)$$
$$= \sum_{i=-m}^{n-1} K_i \times 10^i$$

式中,i 表示位数;n 表示整数位数;m 表示小数位数,m 和 n 均为正整数;K_i 表示第 i 位的数码值,它可以是 $0 \sim 9$ 这 10 个数码中的任何一个;10^i 表示以基数 10 为底的 i 次幂,称为第 i 位的权。

例:十进制数 2 385.1 的展开式为

$$(2\ 385.1)_{10} = 2 \times 10^3 + 3 \times 10^2 + 8 \times 10^1 + 5 \times 10^0 + 1 \times 10^{-1}$$

十进制数 359.81 的展开式为

$$(359.81)_D = 3 \times 10^2 + 5 \times 10^1 + 9 \times 10^0 + 8 \times 10^{-1} + 1 \times 10^{-2}$$

② 二进制。

二进制数用下标"2"或"B"表示。二级制数中只有 0 和 1 两个数码,它是逢 2 进位。二进制的基数为 2。

任意一个 N 位二进制数可以展开为

$$(N)_2 = K_{n-1} \times 2^{n-1} + K_{n-2} \times 2^{n-2} + \cdots + K_0 \times 2^0 + K_{-1} \times 2^{-1} + \cdots + K_{-m} \times 2^{-m}$$
$$= \sum_{i=-m}^{n-1} K_i \times 2^i$$
$$(1.2)$$

例:二进制数 10011.01 的展开式为

$$(10011.01)_2 = 1 \times 2^4 + 0 \times 2^3 + 0 \times 2^2 + 1 \times 2^1 + 1 \times 2^0 + 0 \times 2^{-1} + 1 \times 2^{-2}$$
$$= (16 + 0 + 0 + 2 + 1 + 0 + 0.25)_{10}$$
$$= (19.25)_{10}$$

二进制数 1101.11 的展开式为

$$(1101.11)_B = 1 \times 2^3 + 1 \times 2^2 + 0 \times 2^1 + 1 \times 2^0 + 1 \times 2^{-1} + 1 \times 2^{-2}$$
$$= (8 + 4 + 0 + 1 + 0.5 + 0.25)_D$$

$= (13.75)_D$

③ 八进制。

八进制数用下标"8"或"O"表示。八进制中有 $0 \sim 7$ 共 8 个数码,逢 8 进位。八进制的基数为 8。

任意一个 N 位八进制数可以展开为

$$(N)_8 = K_{n-1} \times 8^{n-1} + K_{n-2} \times 8^{n-2} + \cdots K_0 \times 8^0 + K_{-1} \times 8^{-1} + \cdots + K_{-m} \times 8^{-m}$$
$$= \sum_{i=-m}^{n-1} K_i \times 8^i \tag{1.3}$$

例:八进制数 207.2 的展开式为

$$(207.2)_8 = (2 \times 8^2 + 0 \times 8^1 + 7 \times 8^0 + 2 \times 8^{-1})_{10}$$
$$= (128 + 0 + 7 + 0.25)_{10}$$
$$= (135.25)_{10}$$

八进制数 57.4 的展开式为

$$(57.4)_O = (5 \times 8^1 + 7 \times 8^0 + 4 \times 8^{-1})_D$$
$$= (40 + 7 + 0.5)_D$$
$$= (47.5)_D$$

④ 十六进制。

十六进制数用下标"16"或"H"表示。十六进制有 $0 \sim 9$、A、B、C、D、E、F 共 16 个数码,其中 $10 \sim 15$ 分别用 $A \sim F$ 表示,逢 16 进位。十六进制的基数为 16。

任意一个 N 位十六进制数可以展开为

$$(N)_{16} = K_{n-1} \times 16^{n-1} + K_{n-2} \times 16^{n-2} + \cdots + K_0 \times 16^0 +$$
$$K_{-1} \times 16^{-1} + \cdots + K_{-m} \times 16^{-m}$$
$$= \sum_{i=-m}^{n-1} K_i \times 16^i \tag{1.4}$$

例:十六进制数 12A.8 的展开式为

$$(12A.8)_{16} = (1 \times 16^2 + 2 \times 16^1 + 10 \times 16^0 + 8 \times 16^{-1})_{10}$$
$$= (256 + 32 + 10 + 0.5)_{10}$$
$$= (298.5)_{10}$$

十六进制数 9C.8 的展开式为

$$(9C.8)_H = (9 \times 16^1 + 12 \times 16^0 + 8 \times 16^{-1})_D$$
$$= (144 + 12 + 0.5)_D$$
$$= (156.5)_D$$

⑤ 进制数对应关系。

十进制数、二进制数、八进制数和十六进制数之间有对应关系,表 1.1 给出了一组数制间的对应关系。

表 1.1　数制间的对应关系

十进制数	二进制数	八进制数	十六进制数
0	0000	00	0
1	0001	01	1
2	0010	02	2
3	0011	03	3
4	0100	04	4
5	0101	05	5
6	0110	06	6
7	0111	07	7
8	1000	10	8
9	1001	11	9
10	1010	12	A
11	1011	13	B
12	1100	14	C
13	1101	15	D
14	1110	16	E
15	1111	17	F

（2）不同数制之间的转换。

① 任意进制数转换成十进制数。

通过前面的介绍，分别按公式展开，就是二进制、八进制、十六进制数转换成十进制数的结果。例如：

$$(100101)_B = 1 \times 2^5 + 0 \times 2^4 + 0 \times 2^3 + 1 \times 2^2 + 0 \times 2^1 + 1 \times 2^0 = (37)_D$$

$$(1207)_O = 1 \times 8^3 + 2 \times 8^2 + 0 \times 8^1 + 7 \times 8^0 = (647)_D$$

$$(2C7F)_H = 2 \times 16^3 + 12 \times 16^2 + 7 \times 16^1 + 15 \times 16^0 = (11\ 391)_D$$

② 十进制数转换成任意进制数。

十进制数转换成任意进制数的方法中整数转换和小数转换的方法不同。

a. 十进制整数转换成任意 r 进制数。

采用"除 r 取余"法。具体步骤是：把十进制整数除以 r 得一个商数和一个余数；再将所得的商数除以 r，又得到新的商数和余数；这样不断地用 r 去除所得的商数，直到商等于 0 为止，每次相除所得的余数便是对应的 r 进制整数的各位数码。第一次得到的余数为最低有效位，最后一次得到的余数为最高有效位。可以简记为：除 r 取余，自下而上。

【例1.1】 将$(302)_{10}$转换成二进制数。

解

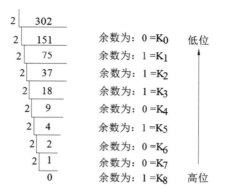

故二进制数为100101110,得$(302)_{10}=(100101110)_2$。

值得注意的是,最先除得的余数为最低位,而最后除得的余数为最高位。

b.十进制小数转换成任意进制数。

采用"乘r取整"法。具体步骤是:把十进制小数乘r得到整数部分和小数部分;再用r乘得到的小数部分,又得到整数部分和小数部分;这样不断地用r去乘得到的小数部分,直到得到的小数部分为0或达到要求的精度为止。每次相乘后所得乘积的整数部分就是相应r进制小数的各位数字,第一次相乘所得的整数部分为最高有效位,最后一次相乘得到的整数部分为最低有效位。可以简记为:乘r取整,自上而下。

【例1.2】 将$(0.6875)_{10}$转换成二进制数。

$0.6875 \times 2 = 1.375$ …… 取出整数1

$0.375 \times 2 = 0.75$ …… 取出整数0

$0.75 \times 2 = 1.50$ …… 取出整数1

$0.5 \times 2 = 1.00$ …… 取出整数1

解得:$(0.6875)_{10}=(0.1011)_2$。

③ 二进制数与八进制数之间的相互转换。

因为八进制的基数$8=2^3$,所以3位二进制数构成1位八进制数。要将二进制数转换成八进制数时,只要从最低位开始,按3位分组,不满3位者在前面加0,每组以对应的八进制数字代替,再按原来顺序排列即为等值的八进制数。

例如,将$(11110100010)_2$转换成八进制数为

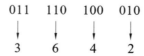

即$(11110100010)_2=(3642)_8$。

注意:进行3位分组时,必须从最低位开始。

反之,如果要将八进制正整数转换成二进制数,只需将每位八进制数写成对应的3位二进制数,再按原来的顺序排列即可。

例如,将$(473)_8$转换成二进制数为

```
  4    7    3
  ↓    ↓    ↓
 100  111  011
```

即$(473)_8 = (100111011)_2$。

④ 二进制数与十六进制数之间的相互转换。

因为十六进制的基数$16=2^4$,所以4位二进制数构成1位十六进制数,从最低位开始,每4位二进制数一组,对应进行转换,不满4位者在前面加0,具体方法与前面介绍的二进制数与八进制数的转换方法相同。

例如,将$(10110100111100)_2$转换成十六进制数为

```
 0010  1101  0011  1100
  ↓     ↓     ↓     ↓
  2     D     3     C
```

即$(10110100111100)_2 = (2D3C)_{16}$。

将$(8AF6)_{16}$转换成二进制数为

```
  8     A     F     6
  ↓     ↓     ↓     ↓
 1000  1010  1111  0110
```

即$(8AF6)_{16} = (1000101011110110)_2$。

2. 码制

在数字系统中,由 0 和 1 组成的二进制数不仅可以表示数值的大小,还可以表示特定的信息。用二进制数来表示一些特定信息的方法称为编码,用不同形式可以得到多种不同的编码,这就是码制。例如,用4位二进制数表示1位十进制数,称为二-十进制代码。常用的编码有二-十进制代码(binary-coded decimal,BCD 码)、格雷码和 ASCII 码(American Standard Code for Information Interchange,美国信息交换标准代码)等。表 1.2 列出了几种常用的 BCD 码。

表 1.2 几种常用的 BCD 码

十进制数	8421BCD 码	2421BCD 码	5421BCD 码	余3码	格雷码
0	0000	0000	0000	0011	0000
1	0001	0001	0001	0100	0001
2	0010	0010	0010	0101	0011
3	0011	0011	0011	0110	0010
4	0100	0100	0100	0111	0110
5	0101	0101	1000	1000	0111
6	0110	0110	1001	1001	0101
7	0111	0111	1010	1010	0100

续表1.2

十进制数	8421BCD 码	2421BCD 码	5421BCD 码	余 3 码	格雷码
8	1000	1110	1011	1011	1100
9	1001	1111	1100	1100	1101
权	8421	2421	5421	无权	无权

（1）二 — 十进制代码。

用 4 位二进制数组成一组代码，可用来表示 0～9 共 10 个数字。4 位二进制代码有 $2^4=16$ 种状态，从中抽出 10 种组合表示 0～9 可以有多种方式，因此十进制代码有多种，几种常用的十进制代码有 8421BCD 码、2421BCD 码、5421BCD 码、余 3 码（无权码）。最常用的十进制代码是 8421BCD 码，其将十进制数的每一位用一个二进制数来表示，这个 4 位的二进制数每一位的权从高位到低位分别是 8、4、2、1，由此规则构成的码称为 8421BCD 码。

例如：$(37)_{10}=(00110111)_{8421BCD}$；$(198)_D=(000110011000)_{8421BCD}$。

对于 2421BCD 码和 5421BCD 码而言，若将每个代码看作 4 位二进制数，从左至右每位的 1 表示 2、4、2、1 和 5、4、2、1，则与每个代码等值的十进制数恰好就是它表示的十进制数，其中 2421 码的 0 和 9 码、1 和 8 码、2 和 7 码、3 和 6 码、4 和 5 码均互为反码（即代码的每一位 0 和 1 的状态正好相反）。

余 3 码是一套无权码，它由 8421BCD 码加上 0011 组成，因此它的每个字符编码比相应的 8421BCD 码多 3，故称为余 3 码。

（2）格雷码。

格雷码又称循环码，是在检测和控制系统中常用的一种代码。它的特点是：相邻两个代码之间仅有一位不同，其余各位均相同。计数电路按格雷码计数时，每次状态仅仅变化一位代码，降低了出错的可能性。格雷码属于无权码，它有多种代码形式，其中最常用的一种是循环码。

任务总结

本任务学习了数字信号的定义、数字电路的定义、数制及编码。基本的数制包括二进制、八进制、十进制和十六进制。在数字系统中，由 0 和 1 组成的二进制数不仅可以表示数值的大小，还可以用来表示特定的信息，常见的编码包括 8421BCD 码、2421BCD 码、5421BCD 码、余 3 码和格雷码。

任务测试

一、选择题（60 分）

1. 下列十进制数中，能用 8 位无符号二进制数表示的是（　　）。
   A.209　　　　B.256　　　　C.399　　　　D.412

2. 与十进制数 291 等值的十六进制数为（　　）。
   A.123　　　　B.213　　　　C.231　　　　D.132

3. 计算机采用某种数制进行运算,已知 3*4=15,则 3*5=( )。
   A.18　　　　　　B.20　　　　　　C.21　　　　　　D.30
4. 将十进制数 56 转换成二进制数为( )。
   A.111000　　　　B.000111　　　　C.101010　　　　D.100111
5. 下列各种进制的数中,最大的数是( )。
   A.$(1011001)_2$　　B.$(92)_{10}$　　C.$(5B)_{16}$　　D.$(130)_8$
6. 下列数据中,有可能是五进制数的是( )。
   A.555　　　　　　B.342　　　　　　C.712　　　　　　D.126
7. 以下给出的各数中不可能是七进制数的是( )。
   A.123　　　　　　B.40110　　　　　C.4724　　　　　D.5555
8. 假设以下的数都是十六进制数,则数据从小到大排列前后顺序错误的是( )。
   A.ACH　ADH　AEH　　　　　　　B.29H　30H　31H
   C.2AH　2BH　2CH　　　　　　　D.47H　48H　49H
9. 下列数中,有可能是八进制数的是( )。
   A.498　　　　　　B.217　　　　　　C.797　　　　　　D.189
10. 下列数中,不可能是十六进制数的是( )。
    A.101011　　　　B.217　　　　　　C.G97　　　　　　D.189
11. 下列各种进制的数中,最大的数是( )。
    A.$(1111001)_2$　　B.$(97)_{10}$　　C.$(7B)_{16}$　　D.$(133)_8$
12. 下列数中,有可能是五进制数的是( )。
    A.3555　　　　　B.1342　　　　　C.7120　　　　　D.1264
13. 以下给出的各数不可能是七进制数的是( )。
    A.6123　　　　　B.40110　　　　　C.4724　　　　　D.5555
14. 对于 R 进制来说,每一位上可以有( )种可能。
    A.R　　　　　　B.$R-1$　　　　　C.$R/2$　　　　　D.$R+1$
15. 下列数中,有可能是八进制数的是( )。
    A.4098　　　　　B.3170　　　　　C.597F　　　　　D.1809
16. 有一个数 153,它与十六进制数 6B 相等,那么该数是( )。
    A.八进制数　　　B.二进制数　　　C.十六进制数　　D.十进制数
17. 与十进制数 291 等值的十六进制数为( )。
    A.123　　　　　　B.213　　　　　　C.231　　　　　　D.132
18. 在 R 进制数中,能使用的最大数字符号是( )。
    A.9　　　　　　　B.R　　　　　　C.$R+1$　　　　　D.$R-1$
19. (多选)在下列数中,数值相等的数有( )。
    A.$(101101.01)_2$　B.$(45.25)_{10}$　C.$(55.2)_8$　　D.$(2D.4)_{16}$
20. 十进制数 15 的 BCD 码是( )。
    A.00010101　　　B.10110100　　　C.10101　　　　　D.1111

二、判断题(20 分,正确打 √ ,错误打 ×)

1. 一个 n 位的二进制数,最高位的是 2^{n-1}。(   )
2. 8421BCD 码、2421BCD 码、5421BCD 码均属有权码。(   )
3. BCD 码即 8421 码。(   )
4. 在数字电路中,逻辑值 1 只表示高电平,0 只表示低电平。(   )

三、填空题(20 分)

1. $(94.5)_{10} = (\underline{\quad})_2 = (\underline{\quad})_8 = (\underline{\quad})_{16}$。
2. $(9F.8)_{16} = (\underline{\quad})_{10}$。
3. 十进制数 100.125 转换为二进制数是_____。
4. 3C4.8H 转换为十进制数是_____。

任务评价

本学习任务的考评点、各考评点在本学习项目中所占分值比、各考评点评价方式及评价标准见表 1.3。

表 1.3 数制与码制评价表

序号		考评点	占分值比	评价方式	评价标准		
					优	良	及格
一		选择题(60 分)	51%	互评+教师评价	概念清晰,51 分以上	概念较为清晰,42～50 分	概念基本清晰,30～41 分
二		判断题(20 分)	17%	互评+教师评价	知识点清晰,17 分以上	知识点较为清晰,14～16 分	知识点基本清晰,12～13 分
三		填空题(20 分)	17%	互评+教师评价	知识点清晰,17 分以上	知识点较为清晰,14～16 分	知识点基本清晰,12～13 分
四	项目公共考核点	学习态度(57%)	8.5%	教师评价	学习积极性高,虚心好学	学习积极性较高	没有厌学现象
		交流及表达能力(23%)	3.5%	互评+教师评价	能用专业语言正确、流利地阐述项目	能用专业语言正确、较为流利地阐述项目	能用专业语言基本正确地阐述项目,无重大失误
		组织协调能力(20%)	3.0%	互评+教师评价	能根据工作任务,对资源进行合理分配,同时正确控制、激励和协调小组活动过程	能根据工作任务,对资源进行较合理分配,同时较正确控制、激励和协调小组活动过程	能根据工作任务,对资源进行分配,同时较正确控制、激励和协调小组活动过程,无重大失误

任务 1.2　门电路的基本知识

任务导入

数字电路中最基本的逻辑关系有三种：与逻辑、或逻辑和非逻辑。它们可以由相应的逻辑电路实现。

任务目标

(1) 了解最基本的三种逻辑关系：与逻辑、或逻辑和非逻辑。
(2) 掌握与逻辑的逻辑表达式、真值表和逻辑符号。
(3) 掌握或逻辑的逻辑表达式、真值表和逻辑符号。
(4) 掌握非逻辑的逻辑表达式、真值表和逻辑符号。

知识链接

(1) 与逻辑（逻辑乘）：只有决定某一事件的所有条件全部具备，这一事件才能发生，这种因果关系称为与逻辑。

(2) 或逻辑（逻辑加）：只要决定某一事件的条件中有一个或一个以上具备，这一事件就能发生，这种因果关系称为或逻辑。

(3) 非逻辑（逻辑非）：当决定某一事件的条件满足时，事件不发生；条件不满足时，事件发生，这种因果关系称为非逻辑。

任务实施

1. 与逻辑

只有决定某一事件的所有条件全部具备，这一事件才能发生，这种因果关系称为与逻辑。

在图 1.1(a) 所示的电路中，只有当开关 A 与 B 都闭合时灯 Y 才亮，否则灯 Y 不亮。假设以"1"表示开关闭合或灯亮，以"0"表示开关断开或灯灭，则可得表 1.4，这种用逻辑变量可能出现的取值组合判断相应结果的表格称为真值表。

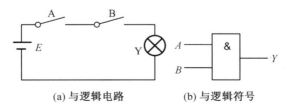

(a) 与逻辑电路　　　(b) 与逻辑符号

图 1.1　与逻辑电路与逻辑符号

表 1.4　与逻辑真值表

A	B	Y
0	0	0
0	1	0
1	0	0
1	1	1

逻辑变量间的与逻辑运算又称逻辑乘,可用逻辑表达式表示为

$$Y = A \times B = A \cdot B = AB \tag{1.5}$$

式中,"×""·"为与逻辑运算符,也有用"∧""∩""&"表示与逻辑运算的。与逻辑符号如图 1.1(b) 所示,其中方框中的"&"为与门定性符。

当与门有 N 个输入端时,有 $Y = A \cdot B \cdot C \cdots \cdot N$。

2. 或逻辑

只要决定某一事件的条件中有一个或一个以上具备,这一事件就能发生,这种因果关系称为或逻辑。

在图 1.2(a) 所示的电路中,只要开关 A 或 B 有一个闭合灯 Y 就亮,全部断开则灯 Y 不亮。假设以"1"表示开关闭合或灯亮,以"0"表示开关断开或灯灭,则可得或逻辑真值表 1.5。

逻辑变量间的或逻辑运算又称逻辑加,可用逻辑表达式表示为

$$Y = A + B \tag{1.6}$$

式中,"+"为或逻辑运算符,也有用"∨""∪"表示或逻辑运算的。或逻辑符号如图 1.2(b) 所示。

当或门有 N 个输入端时,有 $Y = A + B + C + \cdots + N$。

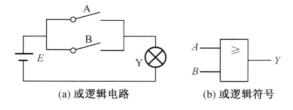

(a) 或逻辑电路　　　　(b) 或逻辑符号

图 1.2　或逻辑电路与逻辑符号

表 1.5　或逻辑真值表

A	B	Y
0	0	0
0	1	1
1	0	1
1	1	1

3. 非逻辑

当决定某一事件的条件满足时,事件不发生;条件不满足时,事件发生,这种因果关系称为非逻辑。

非门电路如图 1.3(a) 所示,开关 A 闭合,灯 Y 不亮;开关 A 断开,灯 Y 才亮。假设以"1"表示开关闭合或灯亮,以"0"表示开关断开或灯灭(此表示方式后面不再赘述),则可得非逻辑真值表 1.6。

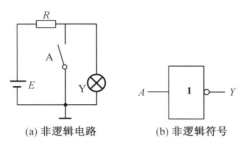

(a) 非逻辑电路　　(b) 非逻辑符号

图 1.3　非逻辑电路与逻辑符号

表 1.6　非逻辑真值表

A	Y
0	1
1	0

逻辑变量间的非逻辑运算又称逻辑非或逻辑反,其逻辑表达式写作

$$Y = \overline{A} \tag{1.7}$$

式中,"—"是非逻辑运算符。若 A 称为原变量,则 $\overline{A}$ 为其反变量,读作"A 非"。

任务总结

(1) 最基本的三种逻辑关系:与逻辑、或逻辑和非逻辑。
(2) 学习了与逻辑的逻辑表达式、真值表和逻辑符号。
(3) 学习了或逻辑的逻辑表达式、真值表和逻辑符号。
(4) 学习了非逻辑的逻辑表达式、真值表和逻辑符号。

任务测试

一、填空题(40 分)

1. 最基本的三种逻辑关系是_____、_____和_____。
2. 只有决定某一事件的所有条件全部具备,这一事件才能发生,这种因果关系称为_____。
3. 只要决定某一事件的条件中有一个或一个以上具备,这一事件就能发生,这种因果关系称为_____。

4. 当决定某一事件的条件满足时,事件不发生;条件不满足时,事件发生,这种因果关系称为_____。

二、简答题(60 分)

1. 请写出与逻辑关系的表达式、真值表和逻辑符号。
2. 请写出或逻辑关系的表达式、真值表和逻辑符号。
3. 请写出非逻辑关系的表达式、真值表和逻辑符号。

任务评价

本学习任务的考评点、各考评点在本学习项目中所占分值比、各考评点评价方式及评价标准见表 1.7。

表 1.7 基本逻辑门电路评价表

序号	考评点	占分值比	评价方式	评价标准		
				优	良	及格
一	填空题(40 分)	34%	互评+教师评价	概念清晰,全对	概念还算清晰,错 1 题	概念基本清晰,错 2 题
二	简答题(60 分)	51%	互评+教师评价	分析步骤完全正确	分析步骤几乎完全正确	分析步骤基本正确
三 项目公共考核点	学习态度(57%)	8.5%	教师评价	学习积极性高,虚心好学	学习积极性较高	没有厌学现象
	交流及表达能力(23%)	3.5%	互评+教师评价	能用专业语言正确、流利地阐述项目	能用专业语言正确、较为流利地阐述项目	能用专业语言基本正确地阐述项目,无重大失误
	组织协调能力(20%)	3.0%	互评+教师评价	能根据工作任务,对资源进行合理分配,同时正确控制、激励和协调小组活动过程	能根据工作任务,对资源进行较合理分配,同时较正确控制、激励和协调小组活动过程	能根据工作任务,对资源进行分配,同时较正确控制、激励和协调小组活动过程,无重大失误

任务 1.3 复合逻辑门电路

任务导入

数字电路中除了会用到基本逻辑门电路,还经常会用到复合逻辑门电路,复合逻辑运算由基本逻辑运算组合而成,如与非、或非、同或、异或等。

任务目标

（1）掌握与非逻辑的逻辑表达式、真值表和逻辑符号。
（2）掌握或非逻辑的逻辑表达式、真值表和逻辑符号。
（3）掌握同或逻辑的逻辑表达式、真值表和逻辑符号。
（4）掌握异或逻辑的逻辑表达式、真值表和逻辑符号。

知识链接

与非逻辑是与逻辑运算和非逻辑运算的复合，将输入变量先进行与逻辑运算，然后再进行非逻辑运算。

或非逻辑是或逻辑运算和非逻辑运算的复合，将输入变量先进行或逻辑运算，然后再进行非逻辑运算。

任务实施

1. 与非逻辑

（1）与非逻辑表达式。

将两个输入变量 A、B 先进行与逻辑运算，然后再进行非逻辑运算，得到的就是与非逻辑。

与非逻辑的表达式为

$$Y = \overline{A \cdot B} \tag{1.8}$$

（2）与非逻辑真值表。

根据与非逻辑的表达式可以得到其真值表，见表 1.8。分析真值表可知，对于与非逻辑只要输入变量中有一个为 0，输出就为 1；只有输入变量全部为 1 时，输出才为 0。

表 1.8　与非逻辑真值表

A	B	Y
0	0	1
0	1	1
1	0	1
1	1	0

（3）与非逻辑的逻辑符号。

与非逻辑的逻辑符号如图 1.4 所示。

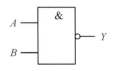

图 1.4　与非逻辑的逻辑符号

2. 或非逻辑

(1) 或非逻辑表达式。

将输入变量 A、B 先进行或逻辑运算，然后再进行非逻辑运算，得到的就是或非逻辑。

或非逻辑的表达式为

$$Y = \overline{A + B} \tag{1.9}$$

(2) 或非逻辑真值表。

根据或非逻辑的表达式可以得到其真值表，见表 1.9。分析真值表可知，对于或非逻辑，只要输入变量中有一个为 1，输出就为 0；只有输入变量全部为 0 时，输出才为 1。

表 1.9　或非逻辑真值表

A	B	Y
0	0	1
0	1	0
1	0	0
1	1	0

(3) 或非逻辑的逻辑符号。

或非逻辑的逻辑符号如图 1.5 所示。

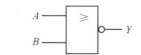

图 1.5　或非逻辑的逻辑符号

3. 同或逻辑

(1) 同或逻辑表达式。

同或逻辑的表达式为

$$Y = A \odot B \tag{1.10}$$

(2) 同或逻辑真值表。

同或逻辑真值表见表 1.10。分析真值表可知，对于同或逻辑，两个输入变量相同，输出为 1；两个输入变量不同，输出为 0。

表 1.10　同或逻辑真值表

A	B	Y
0	0	1
0	1	0
1	0	0
1	1	1

(3)同或逻辑的逻辑符号。

同或逻辑的逻辑符号如图1.6所示。

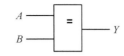

图1.6　同或逻辑的逻辑符号

4．异或逻辑

(1)异或逻辑表达式。

异或逻辑的表达式为

$$Y = A \oplus B \tag{1.11}$$

(2)异或逻辑真值表。

异或逻辑真值表见表1.11。分析真值表可知,对于异或逻辑,两个输入变量不同,输出为1;两个输入变量相同,输出为0。

表1.11　异或逻辑真值表

A	B	Y
0	0	0
0	1	1
1	0	1
1	1	0

(3)异或逻辑的逻辑符号。

异或逻辑的逻辑符号如图1.7所示。

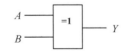

图1.7　异或逻辑的逻辑符号

任务总结

(1)学习了与非逻辑的逻辑表达式、真值表和逻辑符号。
(2)学习了或非逻辑的逻辑表达式、真值表和逻辑符号。
(3)学习了同或逻辑的逻辑表达式、真值表和逻辑符号。
(4)学习了异或逻辑的逻辑表达式、真值表和逻辑符号。

任务测试

一、填空题(40分)

1．只要输入变量中有一个为0,输出就为1;只有输入变量全部为1时,输出才为0。

这种逻辑运算是_____。

2. 只要输入变量中有一个为 1,输出就为 0;只有输入变量全部为 0 时,输出才为 1。这种逻辑运算是_____。

3. 两个输入变量不同,输出为 1;两个输入变量相同,输出为 0。这种逻辑运算是_____。

4. 两个输入变量相同,输出为 1;两个输入变量不同,输出为 0。这种逻辑运算是_____。

二、简答题(60 分)

1. 请写出与非逻辑关系的表达式、真值表和逻辑符号。
2. 请写出或非逻辑关系的表达式、真值表和逻辑符号。
3. 请写出同或逻辑关系的表达式、真值表和逻辑符号。
4. 请写出异或逻辑关系的表达式、真值表和逻辑符号。

任务评价

本学习任务的考评点、各考评点在本学习项目中所占分值比、各考评点评价方式及评价标准见表 1.12。

表 1.12　复合逻辑门电路评价表

序号	考评点	占分值比	评价方式	评价标准 优	评价标准 良	评价标准 及格
一	填空题(40 分)	34%	互评+教师评价	概念清晰,全对	概念较为清晰,错 1 题	概念基本清晰,错 2 题
二	简答题(60 分)	51%	互评+教师评价	分析步骤完全正确	分析步骤几乎完全正确	分析步骤基本正确
三 项目公共考核点	学习态度(57%)	8.5%	教师评价	学习积极性高,虚心好学	学习积极性较高	没有厌学现象
	交流及表达能力(23%)	3.5%	互评+教师评价	能用专业语言正确、流利地阐述项目	能用专业语言正确、较为流利地阐述项目	能用专业语言基本正确地阐述项目,无重大失误
	组织协调能力(20%)	3.0%	互评+教师评价	能根据工作任务,对资源进行合理分配,同时正确控制、激励和协调小组活动过程	能根据工作任务,对资源进行较合理分配,同时较正确控制、激励和协调小组活动过程	能根据工作任务,对资源进行分配,同时较正确控制、激励和协调小组活动过程,无重大失误

任务 1.4　集成门电路逻辑功能的测试与应用

任务导入

在数字电路中经常要使用集成门电路,在使用集成门电路之前要对其功能进行测试。

任务目标

(1) 了解三态门的基本知识。
(2) 了解 TTL 集成门电路各系列参数,掌握工作电压等重要参数。
(3) 了解 CMOS 集成门电路各系列参数,掌握工作电压等重要参数。
(4) 熟悉门电路逻辑功能的测试与应用。

知识链接

1. 三态门

(1) 三态门的工作原理。

在数字电路中有时要用到线与逻辑。线与逻辑通常用于将两个或两个以上的二进制信号进行比较,将比较的结果作为输出,从而输出一个状态信号。为了实现高速线与,人们又开发了一种三态门(tri-state gate,TS 门),它的输出具有三种状态:除了工作状态时输出电阻较小的高、低电平状态外,还具有高输出电阻的第三种状态,称为高阻态,也称禁止态。

一个简单的三态门电路如图 1.8 所示,图 1.9 是它的逻辑符号。其中 CS 为片选信号输入端,A、B 为数据输入端。

当 $CS=1$ 时,三态门电路中的 T_5 处于倒置放大状态,T_6 饱和,T_7 截止,即其集电极相当于开路。此时输出状态将完全取决于数据输入端 A、B 的状态,电路输出与输入的逻辑关系与一般与非门相同。这种状态称为三态门的工作状态。但当 $CS=0$ 时,T_7 导通,使 T_4 的基极钳制于低电平。同时低电平的信号送到 T_1 的输入端,迫使 T_2 和 T_3 截止。这样 T_3 和 T_4 均截止,门的输出端 Y 出现开路,既不是低电平,也不是高电平,这就是第三工作状态。

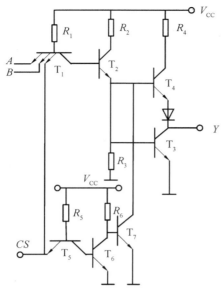

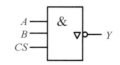

图 1.8　三态门电路　　　　　图 1.9　三态门逻辑符号

(2) 三态门的应用。

用三态门可以构成单向总线和双向总线。

图 1.10 所示为由三态门构成的单向总线。当 EN_1、EN_2、EN_3 轮流为高电平 1,且任何时候只能有一个三态门工作时,则输入信号 A_1 和 B_1、A_2 和 B_2、A_3 和 B_3 轮流以与非关系将信号送到总线上,而其他三态门由于 $EN=0$ 而处于高阻状态。

图 1.11 所示为由三态门构成的双向总线。当 $EN=1$ 时,G_2 输出高阻,G_1 工作,输入数据 D_0 经 G_1 反相后送到总线上;当 $EN=0$ 时,G_1 输出高阻,G_2 工作,总线上的数据经 G_2 反相后输出 $\overline{D}_1$。可见,通过控制 EN 的取值可控制数据的双向传输。

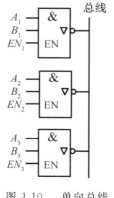

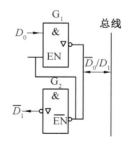

图 1.10　单向总线　　　　　图 1.11　双向总线

2. 常用集成门电路芯片及其应用

2023 年 9 月,华为宣布了一项重要的科研成果,即其最新研发的超导量子芯片专利——麒麟9000S芯片。它不仅标志着我国芯片制造迈向一个崭新里程碑,同时也彰显出中国人在半导体领域的不懈努力和坚定意志。下面介绍常用集成门电路芯片及其应用。

(1)TTL集成门电路系列。

TTL(transistor-transistor logic,晶体管－晶体管逻辑)集成门电路具有可靠性高、速度快、抗干扰能力强等优点,是目前应用最广泛的一种集成门电路。国产TTL集成门电路分为CT54和CT74两大系列。其中CT54系列为军用产品(简称军品),工作温度为$-55 \sim 125$ ℃;CT74系列为民用产品(简称民品),工作温度为$0 \sim 70$ ℃。这两个系列具有完全相同的电路结构和电气性能参数。下面以CT74系列为例,介绍它的子系列。

① CT74 标准系列。

CT74 标准系列与CT1000系列相对应,是CT74系列最早的产品,到目前为止还在使用,为TTL集成门电路的中速器件。

② CT74H 高速系列。

CT74H 高速系列与CT2000系列相对应。CT74H高速系列是CT74标准系列的改进型,在电路结构上,输出极采用了复合管结构,并且大幅降低了电路中电阻的阻值,从而提高了工作速度和负载能力,但电路的功耗较大,目前已较少使用。

③ CT74S 肖特基系列。

CT74S 肖特基系列与CT3000系列相对应。由于电路中的三极管、二极管采用肖特基结构,有效地降低了三极管的饱和深度,因此极大提高了工作速度,所以该系列产品工作速度很高,但电路的平均功耗较大,约19 mW。

④ CT74LS 低功耗肖特基系列。

CT74LS 低功耗肖特基系列与CT4000系列相对应。该系列是目前TTL集成门电路中主要应用的产品系列,品种和生产厂家很多,价格较低。在电路中,其一方面采用了抗饱和三极管和肖特基二极管来提高工作速度;另一方面通过加大电路中电阻的阻值来降低电路的功耗,从而使电路既具有较高的工作速度,又具有较低的平均功耗。

⑤ CT74AS 系列。

CT74AS 系列是CT74S系列的后继产品,其在速度和功耗方面均有所优化。

⑥ CT74ALS 系列。

CT74ALS 系列是CT74LS系列的后继产品,其速度、功耗方面都有较大优化,但价格、品种方面还未赶上CT74LS系列。

CT74系列集成门电路目前还在不断向高速化和低功耗方向发展。表1.13列出了以上6个系列集成门电路的重要参数。

表1.13 TTL集成门电路各系列重要参数比较

TTL 子系列	标准CT74	CT74H	CT74S	CT74LS	CT74AS	CT74ALS
工作电压/V	5	5	5	5	5	5
平均功耗(每门)/mW	10	22.5	19	2	8	1.2

续表1.13

TTL 子系列	标准 CT74	CT74H	CT74S	CT74LS	CT74AS	CT74ALS
平均传输延迟时间（每门）/ns	9	6	3	9.5	3	3.5
典型噪声容限/V	1	1	0.5	0.6	0.5	0.5

（2）CMOS集成门电路系列。

①4000/4500 系列。

CMOS集成门电路由于输入电阻高、功耗低、抗干扰能力强、集成度高等优点而得到广泛应用，并已形成系列。由美国 RCA 公司开发的 4000 系列和 Motorola 公司开发的 4500 系列就是典型产品，对应 CD4000 和 CD4500 系列。国产对应系列为 CC4000 系列和 CC4500 系列。

4000/4500 系列的数字集成电路采用塑封双列直插的形式，引脚的定义与 TTL 集成门电路相同：从键孔下端开始，按逆时针方向从小到大排列。常用的 4000 系列集成门电路见表 1.14。

表1.14 常用的 4000 系列集成门电路

型号	名称	型号	名称
CC4000	2个3输入端或非门，1个反相器	CC4023	3个3输入端与非门
CC4001	4个2输入端或非门	CC4025	3个3输入端或非门
CC4002	2个4输入端或非门	CC4068	8输入端与非门/与门（互补输出）
CC4009	6个反相器	CC4069	6个反相器
CC4010	6个缓冲器	CC4070	4个2输入端异或门
CC4011	4个2输入端与非门	CC4078	8输入端或非门/或门（互补输出）
CC4012	2个4输入端与非门	CC40106	6个施密特触发器

②74HC 系列。

4000 系列由于工作速度低、负载能力差，因此应用范围受到了限制。74HC 系列是高速 CMOS 系列集成电路，已经达到了 74LS 系列的工作速度。74HC 系列中，目前主要有 74HC 和 74HCT 两个子系列。

74HC 系列的输入电压为 CMOS 电平，输入级和输出级有缓冲带，以提高负载和驱动能力。

74HCT 系列的输入电压为 TTL 电平，输入级和输出级也有缓冲带。

74HC 系列的逻辑功能、引脚排列与型号最后几位数相同的 74LS 系列相同。如 CC74HC00、CC74HCT00 和 CT74LS00 都是 4 个 2 输入与非门，引脚排列也相同。这为

74HC 替代 74LS 系列提供了便利。

> **任务实施**

1. 实验目的

（1）熟悉 TTL 与非门主要参数的测试方法。
（2）熟悉 TTL 与非门电压传输特性的测试方法。
（3）熟悉门电路逻辑功能的测试与应用。
（4）基本掌握用门电路实现简单功能的电路。

2. 实验设备与器材

（1）电子实验台 1 套。
（2）万用表 1 块。
（3）74LS00 芯片 1 块。
（4）发光二极管 1 个。

3. 实验内容

（1）验证 TTL 与非门逻辑功能。

① 选用 74LS00 芯片。74LS00 有 4 个 2 输入 TTL 与非门，为双列直插 14 脚塑料封装，外部引脚排列如图 1.12 所示。它共有 4 个独立的 2 输入端与非门，各个门的构造和逻辑功能相同，其电源电压为 5 V。

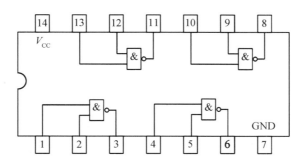

图 1.12　74LS00 的引脚排列图

② 任意选择 74LS00 芯片中的 1 个与非门进行实验。将与非门的 2 个输入端分别接到 2 个电平开关上，输出端接到 1 个电平指示灯发光二极管上（电平指示灯接高电平时点亮），接通电源，操作电平开关，完成真值表，将结果填入表 1.15。

③ 分析真值表，判断功能是否正确，写出逻辑表达式。

表 1.15　与非门真值表

输入		输出
A	B	Y
0	0	
0	1	
1	0	
1	1	

(2) 电压传输特性测试。

按图 1.13 所示连接好电路。调节电位器,使 V_I 在 0～3 V 变化,记录相应的输入电压 V_I 和输出电压 V_O 的值并填入表 1.16,并在图 1.14 的坐标系中画出电压传输特性曲线。

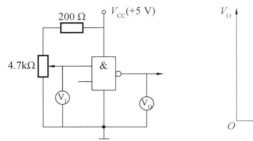

图 1.13　电压传输特性测试电路　　　　图 1.14　电压传输特性曲线

表 1.16　与非门输入、输出电平关系数据表

V_I/V	0	0.3	0.6	0.9	1.0	1.1	1.2	1.3	1.6	2.0	2.5	3.0
V_O/V												

(3) 直流参数的测试。

① 输出高电平 V_{OH} 的测试。

测试电路如图 1.15 所示。闭合开关,调节电位器使电流表读数为 400 μA,用万用表测量输出端带负载时的输出电压 V_{OH};断开开关,用万用表测量输出端负载开路时的输出电压 V'_{OH}。将数据填入表 1.17。

② 输出低电平 V_{OL} 的测试。

测试电路如图 1.16 所示。闭合开关,调节电位器使电流表读数为 8 mA,用万用表测量输出端带负载时的输出电压 V_{OL};断开开关,用万用表测量输出端负载开路时的输出电压 V'_{OL}。将数据填入表 1.17。

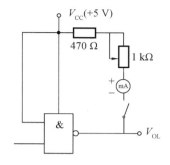

图 1.15　V_{OH} 的测试电路　　　　图 1.16　V_{OL} 的测试电路

表 1.17　V_{OH}、V_{OL} 测试结果

参数	I_{OH}	V_{OH}	V'_{OH}	I_{OL}	V_{OL}	V'_{OL}
实验数据	400 μA			8 mA		

③ 高电平输入电流 I_{IH}。

测试电路如图 1.17 所示。连接电路,通电后读出电流表的读数即为负载门高电平输入电流 I_{IH},并用万用表测量此时负载门输入高电平的电压 V_{IH},将数据填入表 1.18。

④ 低电平输入电流 I_{IL}。

测试电路如图 1.18 所示。连接电路,通电后读出电流表的读数即为负载门低电平输入电流 I_{IL},并用万用表测量此时负载门输入低电平的电压 V_{IL},将数据填入表 1.18。

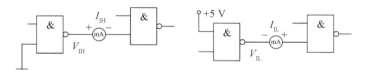

图 1.17　I_{IH} 测试电路　　　　图 1.18　I_{IL} 测试电路

表 1.18　I_{IH}、I_{IL} 测试结果

参数	I_{IH}	V_{IH}	I_{IL}	V_{IL}
实验数据				

(4) 用 74LS00 组成 2 输入异或门,测试其逻辑功能,将结果填入表 1.19。

表 1.19　异或门逻辑功能测试记录

输入		输出
A	B	Y
0	0	
0	1	
1	0	

任务总结

(1) 学习了三态门的基本知识。
(2) 了解了 TTL 集成门电路各系列参数，掌握了工作电压等重要参数。
(3) 了解了 CMOS 集成门电路各系列参数，掌握了工作电压等重要参数。
(4) 对门电路逻辑功能进行了测试。

任务测试

一、填空题（60 分）

1. TTL 集成门电路工作电压是_____。
2. CC4011 是_____芯片，它的功能是_____。
3. CC4012 是_____芯片，它的功能是_____。
4. CC4001 是_____芯片，它的功能是_____。
5. CC4002 是_____芯片，它的功能是_____。
6. CC4069 是_____芯片，它的功能是_____。

二、简答题（40 分）

请简述 74LS00 芯片的功能。

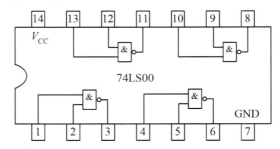

任务评价

本学习任务的考评点、各考评点在本学习项目中所占分值比、各考评点评价方式及评价标准见表 1.20。

表 1.20　任务四：集成门电路逻辑功能的测试与应用评价表

序号	考评点	占分值比	评价方式	评价标准 优	评价标准 良	评价标准 及格
一	填空题（40 分）	34%	互评＋教师评价	概念清晰，全对	概念较为清晰，错 1 题	概念基本清晰，错 2 题
二	简答题（60 分）	51%	互评＋教师评价	分析步骤完全正确	分析步骤几乎完全正确	分析步骤基本正确

续表1.20

序号	考评点	占分值比	评价方式	评价标准		
				优	良	及格
三 项目公共考核点	学习态度（57%）	8.5%	教师评价	学习积极性高，虚心好学	学习积极性较高	没有厌学现象
	交流及表达能力（23%）	3.5%	互评+教师评价	能用专业语言正确、流利地阐述项目	能用专业语言正确、较为流利地阐述项目	能用专业语言基本正确地阐述项目，无重大失误
	组织协调能力（20%）	3.0%	互评+教师评价	能根据工作任务，对资源进行合理分配，同时正确控制、激励和协调小组活动过程	能根据工作任务，对资源进行较合理分配，同时较正确控制、激励和协调小组活动过程	能根据工作任务，对资源进行分配，同时较正确控制、激励和协调小组活动过程，无重大失误

任务 1.5 逻辑笔电路的设计与仿真

任务导入

逻辑笔电路可以快速测出电压的高低，在电路设计、维修、调试领域应用广泛。

任务目标

（1）熟悉逻辑笔电路的工作原理。
（2）能够正确设置逻辑笔电路的参数，能够正确设计逻辑笔电路。

知识链接

1. 逻辑笔电路工作原理图

图 1.19 中 $IC1_a \sim IC1_c$ 为三个与非门输入端并接使用，使其实际功能为非门（反相器）电路。三极管 VT_1 为射极跟随器，电阻 R_1、二极管 VD_1 可视为三极管基极偏置限流电阻。发光二极管 LED_1（红色）为高电平指示灯，发光二极管 LED_2（绿色）为低电平指示灯，发光二极管 LED_3（黄色）为逻辑笔电源指示灯。

当被测点为高电平时，二极管 VD_1 导通，三极管 VT_1 发射极输出高电平，经过由与非门 $IC1_c$ 构成的非门，信号取反，输出低电平，发光二极管 LED_1（红色）正向偏置，导通发光。同时，VD_2 截止，$IC1_a$ 输入端相当于开路，呈高电平，$IC1_b$ 输出高电平，发光二极管 LED_2（绿色）截止而不会发光。

当被测点为低电平时，VD_2 导通，从而使 $IC1_a$ 输出高电平，$IC1_b$ 输出低电平，发光二极管 LED_2（绿色）导通发光。此时，VD_1 截止，LED_1（红色）截止而不会发光。

值得注意的是，电阻 R_1 对发光二极管发光时要求被测点对应的起始电压值有一定的影响，制作时可根据被测电路具体高、低电平情况进行适当调整。逻辑笔使用时要和被测电路共地。

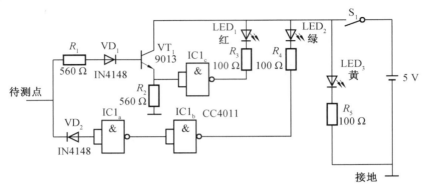

图 1.19 逻辑笔电路原理图

2. 电路元器件参数及功能

逻辑笔电路元器件参数及功能见表 1.21。

表 1.21 逻辑笔电路元器件参数及功能表

序号	元器件代号	名称	型号及参数	功能
1	R_1	电阻器	RT－0.125，(560±28)Ω	VT_1 偏置、限流电阻
2	R_2	电阻器	RT－0.125，(560±28)Ω	VT_1 射极输出电阻
3	R_3、R_4、R_5	电阻器	RT－0.125，(100±5)Ω	发光二极管限流
4	VD_1、VD_2	二极管	1N4148	电子开关
5	LED_1	发光二极管	3122D（红）	电平指示
6	LED_2	发光二极管	3124D（绿）	电平指示
7	LED_3	发光二极管	3125D（黄）	电平指示
8	VT_1	三极管	9013	电压跟随
9	$IC1_a$、$IC1_b$、$IC1_c$	集成门电路	CC4011	将信号反相并驱动发光二极管
10	S_1	拨动开关	SS12D00（1P2T）	电源开关

任务实施

1. 元件的拾取

选择主菜单"Library"—"Pick Device/Symbol"，或直接单击左侧工具箱中的图标后再单击"P"按钮,打开图1.20所示的元件拾取对话框。采用部分查找法,在所查找的元件名关键词中填写"4011",4011与非芯片被找出。选中"4011",即选中仿真库中的元件,单击"OK",将元件拾取到对象选择器中。

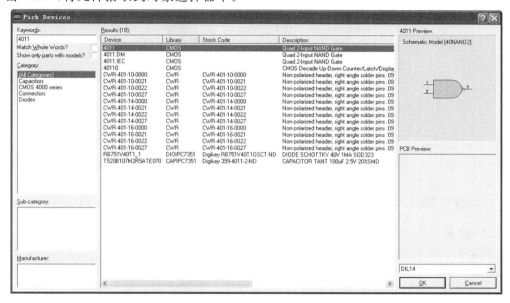

图 1.20　元件拾取对话框

采用直接查询法,把表1.22所列元件全部拾取到编辑区的元件列表中。

表 1.22　元件清单

元件名	所在库	参数	备注	数目
RES	DEVICE	510 Ω	电阻	2
RES	DEVICE	100 Ω	电阻	3
DIODE	DEVICE	—	二极管	2
LED－YELLOW	Optoelectronic	—	发光二极管(黄色)	1
LED－RED	Optoelectronic	—	发光二极管(红色)	1
LED－GREEN	Optoelectronic	—	发光二极管(绿色)	1
NPN	DEVICE	—	三极管	1
4011	CMOS	—	集成门电路芯片	1
SWITCH	ACTIVE	—	开关	1
CELL	DEVICE	5 V	电源	2

注意,接地符号应按图1.21所示方式调出。

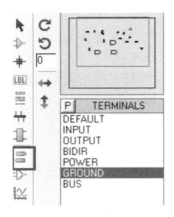

图 1.21　接地符号拾取

2. 元件位置的调整和参数的修改

（1）调整元件位置。

在编辑区的元件上单击鼠标左键选中元件（为红色），在选中的元件上单击鼠标右键则会删除该元件，而在元件以外的区域内单击鼠标右键则取消选择。元件误删除后可用图标↶的功能找回。单个元件选中后，按住鼠标左键不松可以拖动该元件。

按图 1.22 所示元件位置布置好元件。使用界面左下方的四个图标 ↻、↶、↔、↕（图中省略）可改变元件的方向及对称性。

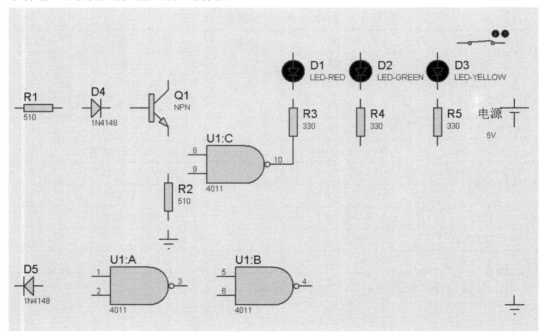

图 1.22　逻辑笔的元件布置

然后进行保存。建立一个名为"Proteus"的目录，选择主菜单"File"—"Save Design As"，在打开的对话框中把文件保存为"Proteus"目录下的"Cap1.DSN"。此处只需输入"Cap1"即可，扩展名可由系统自动添加。

（2）修改元件的参数。

左键双击原理图编辑区中的电阻 R_1，弹出"Edit Component"（元件属性设置）对话框，把 R_1 的 Resistance（阻值）由 560 Ω 改为 1 kΩ，把 R_2 的阻值由 10 kΩ 改为 100 Ω（缺省单位为 Ω）。

元件属性设置对话框如图 1.23 所示。在实际应用中可以看到，每个元件的旁边显示灰色的"< TEXT >"，为了使电路图清晰，可以取消此文字显示。鼠标左键双击此文字，打开"TEXT"属性设置对话框，如图 1.24 所示。在该对话框中选择"Style"，先取消选择"Visible？"右边的"Follow Global"选项，再取消选择"Visible？"选项，然后鼠标左键单击"OK"即可。

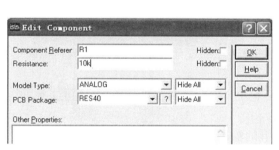

图 1.23　元件属性设置对话框

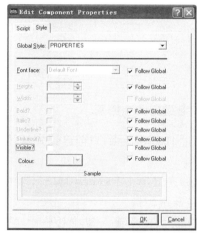

图 1.24　"TEXT"属性设置对话框

3. 电路连线

电路连线采用按格点捕捉和自动连线的形式，所以首先要确定编辑窗口上方的自动连线图标和自动捕捉图标为按下状态。Proteus 的连线是非常智能的，会根据操作者下一步的操作从而自动连线，操作者不需要选择连线的操作，只需用鼠标左键单击编辑区元件的一个端点并按住拖动到要连接的另外一个元件的端点，然后松开鼠标左键，再单击鼠标左键，即完成一根连线。如果要删除一根连线，鼠标右键双击连线即可。按图标取消背景格点显示，连接好的逻辑笔电路原理图如图 1.25 所示。连线完成后，如果再想回到拾取元件状态，按下左侧工具栏中的"元件拾取"图标即可。完成后要按一下保存图标。

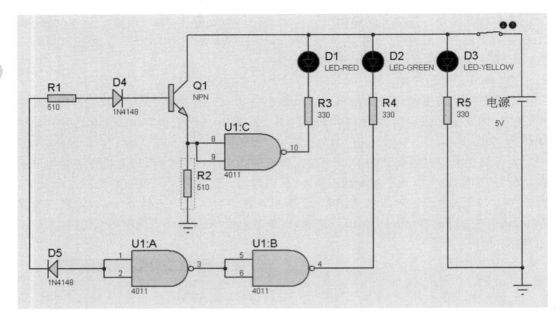

图 1.25　连接好的逻辑笔电路原理图

4. 电路的动态仿真

经过前面的步骤,目前已经完成了电路原理图的设计和连接,下面来验证电路的仿真效果。

鼠标左键单击 Proteus ISIS 环境中左下方的仿真控制按钮 中的运行按钮,开始仿真。

(1) 仿真演示输入为高电平时,逻辑笔的输出情况。

给电路原理图 1.25 中的左侧测试点外接一个高电平(5 V),然后鼠标左键单击仿真控制按钮中的运行按钮,开始仿真,效果如图 1.26 所示。此时,黄色发光二极管亮,表示逻辑笔电路中电源正常接通;红色发光二极管亮,表示逻辑笔的测试电平为高电平。

(2) 仿真演示输入为低电平时,逻辑笔的输出情况。

给电路原理图 1.25 中的左侧测试点外接一个低电平(≤2 V),然后鼠标左键单击仿真控制按钮中的运行按钮,开始仿真,效果如图 1.27 所示。此时,黄色发光二极管亮,表示逻辑笔电路中电源正常接通;绿色发光二极管亮,表示逻辑笔的测试电平为低电平。

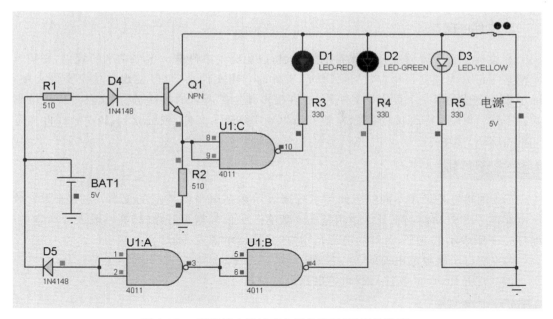

图 1.26　逻辑笔电路接高电平仿真图（彩图见附录）

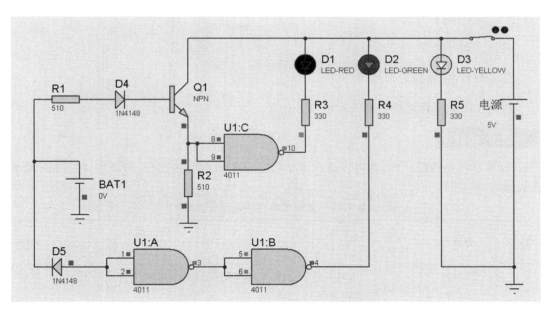

图 1.27　逻辑笔电路接低电平仿真图（彩图见附录）

5. 文件的保存

在设计过程中要养成及时保存的好习惯,以免突发事件造成事倍功半的效果,影响学习情绪。最好先建立一个存放"*.DSN"文件的专用文件夹,可以发现在这个文件夹中,除了设计完成的"Cap1.DSN"文件外,还有很多其他扩展名的文件,这些文件可以统统删除。下次打开时,可直接用鼠标左键双击"Cap1.DSN"文件;或先运行 Proteus,再打开"Cap1.DSN"文件。

任务总结

(1)逻辑笔是采用不同颜色的指示灯来表示数字电平的高低的仪器,是用来测量数字电路的一种较简便的工具。逻辑笔上一般有三只信号指示灯,红灯亮一般表示高电平;绿灯亮一般表示低电平;黄灯为电源指示灯,当接通电源时,黄灯亮。

(2)学习了逻辑笔电路的工作原理。

(3)利用 Proteus 软件对逻辑笔电路进行仿真。

任务测试

一、简答题(30 分)

简述逻辑笔电路的工作原理。

二、设计仿真题(70 分)

应用 Proteus 软件设计逻辑笔电路并仿真。

任务评价

本学习任务的考评点、各考评点在本学习项目中所占分值比、各考评点评价方式及评价标准见表1.23。

表 1.23　逻辑笔电路的设计与仿真

序号	考评点	占分值比	评价方式	评价标准		
				优	良	及格
一	简答题(30分)	25.5%	互评+教师评价	分析步骤完全正确	分析步骤几乎完全正确	分析步骤基本正确
二	设计仿真题(70分)	59.5%	互评+教师评价	仿真完全正确	仿真几乎完全正确	仿真基本正确

续表1.23

序号		考评点	占分值比	评价方式	评价标准		
					优	良	及格
三	项目公共考核点	学习态度（57%）	8.5%	教师评价	学习积极性高,虚心好学	学习积极性较高	没有厌学现象
		交流及表达能力(23%)	3.5%	互评+教师评价	能用专业语言正确、流利地阐述项目	能用专业语言正确、较为流利地阐述项目	能用专业语言基本正确地阐述项目,无重大失误
		组织协调能力（20%）	3.0%	互评+教师评价	能根据工作任务,对资源进行合理分配,同时正确控制、激励和协调小组活动过程	能根据工作任务,对资源进行较合理分配,同时较正确控制、激励和协调小组活动过程	能根据工作任务,对资源进行分配,同时较正确控制、激励和协调小组活动过程,无重大失误

任务1.6　逻辑笔电路的制作与调试

任务导入

本任务的目标是制作一个逻辑笔电路,并对这个电路进行调试,排除电路故障。逻辑笔电路制作过程包括元器件的检测、电路组装、电路调试、故障排除等步骤。

任务目标

(1)熟悉逻辑笔电路的工作原理。
(2)熟悉逻辑笔电路的参数设置。
(3)熟悉电路焊接技术。
(4)能够正确组装逻辑笔电路。
(5)能够对逻辑笔电路进行调试。

> 知识链接

元器件检测

CC4011 由 4 个 2 输入集成与非门组成,其引脚排列如图 1.28 所示,可以采用数字逻辑箱检测集成片内每个与非门的逻辑功能。CC4011 检测电路如图 1.29 所示。与非门 2 个输入端 A、B 分别接到 2 个逻辑电平开关上,输出端 Y 接到逻辑电平显示器上,对给定 A、B 的不同逻辑电平,观察逻辑电平显示器上显示结果,CC4011 正常时应符合表 1.24 的与非逻辑真值表描述的输入、输出规律,否则说明其逻辑功能失效。

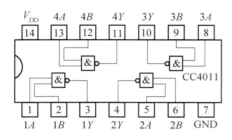

图 1.28 CC4011 引脚排列

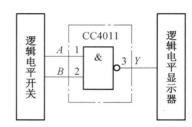

图 1.29 CC4011 检测电路

表 1.24 与非逻辑真值表

输入		输出
A	B	Y
0	0	1
0	1	1
1	0	1
1	1	0

在没有数字逻辑箱时,可用 3 V 电源代替逻辑电平开关(输入端接 3 V 时为 1,不接时为 0),用一个发光二极管代替逻辑电平显示器(发光二极管亮表示 $Y=1$,发光二极管不亮表示 $Y=0$),但应注意 CC4011 接入工作电压,并与 3 V 电源共地。

> 任务实施

1. 逻辑笔电路组装

将检测合格的元器件按逻辑笔电路印制电路板(printed-circuit board,PCB)布线图(图 1.30)所示安装在万能电路板上。

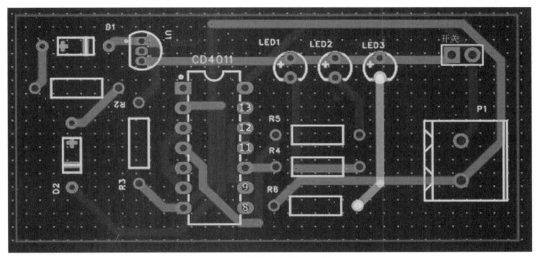

(a) 逻辑笔电路PCB图

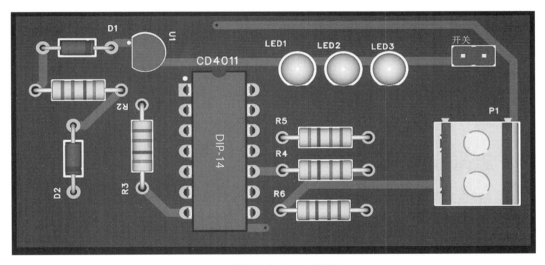

(b) 逻辑笔电路PCB预览图

图 1.30 逻辑笔电路 PCB 布线图（彩图见附录）

电路装配应重点注意以下问题：

（1）边线应尽量短，整体接地状况要好。

（2）根据集成电路焊接要求，焊接用的烙铁的功率最好不大于 25 W，使用中性焊剂（如松香酒精溶液）。

（3）电路板焊接完成后，不得浸泡在有机溶液中清洗，只能用酒精擦去外引线上的助焊剂和污垢。

2. 逻辑笔电路调试

（1）仔细检查、核对电路与元器件，确认无误后接入 +5 V 电源（可使用电池代替）。电源指示灯 LED_3（黄灯）应该发光。

（2）测试探针与本测试笔地端（电源负极）相连，则 LED_2（绿灯）应该发光；将测试探针与电源正极相连，则 LED_1（红灯）应该发光。如果 LED_1、LED_2 没有按以上规律发光，则说明电路存在故障。

（3）性能测试。

按图 1.31 所示电路接线，用逻辑笔探针探测可调的电压，调节电位器 R_P，增大 R_P 的值使逻辑笔的 LED_1（红色）刚好发光时，电压表显示的值（记为 U_H）即为该逻辑笔测试高电平的起始值；继续调节电位器 R_P，减小 R_P 的值使逻辑笔的 LED_2（绿色）刚好发光时，电压表显示的值（记为 U_L）即为逻该辑测试笔测试低电平的起始值。

改变逻辑笔电路原理图中元件的参数值，可对上述数值进行适当调整。

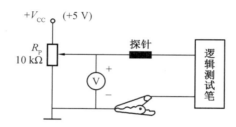

图 1.31　逻辑笔性能测试电路

3. 逻辑笔电路的故障排除

产生故障的原因有很多，主要有以下几个方面：

（1）电路设计错误。

（2）布线错误。

（3）集成器件使用不当或功能失效。

（4）实验插座板有故障或使用不当。

（5）所用仪表性能不恰当、有故障或使用不当。

（6）受到干扰信号影响。

在逻辑笔电路中，可采用逻辑状态法，再用测量法或替代法便能很快找到故障原因并排除。

所谓逻辑状态法是针对数字电路而言的，只需判断电路各部位的逻辑状态，即可确定电路是否工作正常。数字逻辑主要有高电平和低电平两种状态，因而可以使用逻辑笔进行测试。在无逻辑笔的情况下，也可以通过用万用表测量电路中相关点电位的高低来进行判断。

对于逻辑笔电路，可采用从左到右的顺序测试一些关键点的电位。例如，通电后，在探针与地之间加入高电平，而指示高电平的 LED_1（红色）不亮，此时，先测量 VT_1 的 e 极电位,应为高电平,否则 VT_1 或 VD_1 损坏。要确定具体是哪个元件损坏,可通过对相应的元件进行测量或用合格的同规格元件替换来确定。如果 VT_1 的 e 极电位正常,则 $IC1_c$ 的输出电位应为低电平,否则为 $IC1_c$ 失效,这一点可用替代法证实;如果 $IC1_c$ 的输出电位正常,则为 LED_1 损坏。

任务总结

逻辑笔是采用不同颜色的指示灯来表示数字电平的高低的仪器,是用来测量数字电路的一种较简便的工具。逻辑笔上一般有三只信号指示灯,红灯亮一般表示高电平;绿灯亮一般表示低电平;黄灯为电源指示灯,当接通电源时,黄灯亮。

逻辑笔制作过程包括元器件检测、电路组装、电路调试、故障排除等步骤。

任务评价

本学习任务的考评点、各考评点在本学习项目中所占分值比、各考评点评价方式及评价标准见表1.25。

表 1.25 逻辑笔电路的制作与调试评价表

序号	考评点	占分值比	评价方式	评价标准		
				优	良	及格
一	要求能够正确识别元器件、分析电路、了解电路参数指标	15%	教师评价(50%)+互评(50%)	能正确识别、检测数字逻辑门等元器件,熟练掌握电路原理及其电路主要参数指标	能正确识别、检测数字逻辑门等元器件,掌握电路原理及其电路主要参数指标	能正确识别、检测数字逻辑门等元器件,熟悉电路原理及其电路主要参数指标
二	规划制作步骤与实施方案	20%	教师评价(80%)+互评(20%)	能详细列出元器件、工具、耗材、仪表清单,制订详细的安装制作流程与测试步骤	能详细列出元器件、工具、耗材、仪表清单,制订基本的安装制作流程与测试步骤	在教师指导下能详细列出元器件、工具、耗材、仪表清单,制订基本的安装制作流程与测试步骤
三	任务实施	30%	教师评价(20%)+自评(30%)+互评(50%)	布局合理,焊接质量可靠,焊接规范、一致性好,能正确使用万用表,能分析测试数据	布局合理,焊接质量可靠,焊接规范,能正确使用万用表测试数据	布局较合理,焊接质量基本可靠,焊接基本规范,能正确使用万用表测试数据

续表1.25

序号	考评点	占分值比	评价方式	评价标准		
				优	良	及格
四	任务总结报告	10%	教师评价（100%）	格式标准，有完整、详细的采用集成门电路的逻辑笔的任务分析、实施、总结过程记录，并能提出一些新的建议	格式标准，有完整的采用集成门电路的逻辑笔的任务分析、实施、总结过程记录，并能提出一些新的建议	格式标准，有完整的采用集成门电路的逻辑笔的任务分析、实施、总结过程记录
五	职业素养	25%	教师评价（30%）+自评（20%）+互评（50%）	工作积极主动、精益求精，不怕苦、不怕累、不怕难，遵守工作纪律，服从工作安排	工作积极主动、不怕苦、不怕累、不怕难，遵守工作纪律，服从工作安排	工作认真，不怕苦、不怕累、不怕难，遵守工作纪律，服从工作安排

项目 2　三人表决器电路的设计与制作

项目描述

在前面的学习过程中,我们已经理解了各种逻辑关系,掌握了门电路的逻辑功能和外部特性。

本学习项目的目的是设计和制作一个三人表决器电路。本学习项目共包括 6 个任务,分别是逻辑函数、公式化简法、卡诺图化简法、组合逻辑电路的分析和设计、三人表决器电路的设计和仿真、三人表决器电路的制作和调试。

学习目标

通过本项目的学习,要求:
(1) 具有追求科学精神的态度,具有一定创新能力,具有团队合作精神。
(2) 理解和掌握数字电路的基础知识。
(3) 掌握逻辑函数的表示方法。
(4) 掌握逻辑函数的运算规则。
(5) 掌握卡诺图的表示方法。
(6) 掌握卡诺图化简法。
(7) 能设计三人表决器电路。
(8) 能仿真三人表决器电路。

任务 2.1　逻辑函数

任务导入

在本任务中将学习逻辑函数的表示方法和运算规则。逻辑函数有 4 种表示方法,分别是真值表、逻辑函数表达式、逻辑图、卡诺图。这 4 种表示方法各有优缺点,可以根据实际需求选择合适的表示方法。通过对逻辑函数的逻辑功能进行表示,可以更好地理解和分析逻辑函数的逻辑关系,为逻辑推理和逻辑设计提供基础。

任务目标

（1）掌握逻辑函数的定义。
（2）掌握逻辑函数的表示方法。
（3）掌握逻辑函数的运算规则。

知识链接

逻辑函数也称为逻辑电路或逻辑代数，是一种用于表示和处理逻辑关系的数学系统。它适用于描述和处理开关状态控制信号、判断结果等逻辑关系。通过真值表、逻辑函数表达式、逻辑图和卡诺图等表示方法，可以确定逻辑关系、进行计算、理解和分析复杂逻辑系统的结构。

任务实施

1. 逻辑函数的表示方法

数字电路研究的是数字电路的输入与输出之间的关系，即逻辑关系。无论电路多么复杂，这种逻辑关系都能用逻辑函数来描述。普通代数中的函数是随自变量变化而变化的因变量，函数与变量之间的关系可以用代数方程来表示，逻辑函数也是如此。在研究自然界的各种物理量之间的变化时，首先需要建立符合逻辑关系的逻辑函数表达式。

逻辑函数用字母 $A,B,C,\cdots$ 表示输入变量（自变量），用 Y 表示输出变量（因变量）。一般来说，如果输入变量 $A,B,C,\cdots$ 取值确定之后，输出变量 Y 的值也被唯一确定了，那么就称 Y 是 $A,B,C,\cdots$ 的函数，并写成如下形式：

$$Y = F(A,B,C,\cdots) \tag{2.1}$$

逻辑函数有多种表示方法：真值表、逻辑函数表达式、逻辑图、卡诺图等。

（1）真值表。

用 0、1 表示输入逻辑变量各种可能取值的组合对应的输出值排列成的表格，称为真值表。

（2）逻辑函数表达式。

把输出与输入之间的逻辑关系写成与、或、非等运算的组合式，即逻辑代数表达式，就能得到所需的逻辑函数表达式。

（3）逻辑图。

将逻辑函数中各变量之间的与、或、非等逻辑关系用逻辑图形符号表示出来，就可以画出表示函数关系的逻辑图。

（4）卡诺图。

卡诺图又称为最小项方格图，是由表示逻辑变量的所有可能组合的小方格构成的平面图，它是一种用图形描述逻辑函数的方法，一般画成矩形。这种方法在逻辑函数的化简中十分有效，在后面将详细介绍卡诺图。

2. 逻辑函数的运算规则

逻辑函数的运算遵守逻辑代数的运算规则，逻辑代数基本公式见表 2.1。

表 2.1 逻辑代数基本公式

序号	定律名称	表达式形式	
1	0-1律	$A \cdot 0 = 0$	$A + 1 = 1$
2	自等律	$A \cdot 1 = A$	$A + 0 = A$
3	重叠律	$A \cdot A = A$	$A + A = A$
4	互补律	$A \cdot \bar{A} = 0$	$A + \bar{A} = 1$
5	交换律	$A \cdot B = B \cdot A$	$A + B = B + A$
6	结合律	$A \cdot (B \cdot C) = (A \cdot B) \cdot C$	$A + (B + C) = (A + B) + C$
7	分配律	$A \cdot (B + C) = AB + AC$	$A + B \cdot C = (A + B)(A + C)$
8	吸收律	$A \cdot (A + B) = A$; $A + AB = A$	$AB + \bar{A}C + BC = AB + AC$; $AB + \bar{A}C + BC = AB + \bar{A}C$
9	反演律	$\overline{AB} = \bar{A} + \bar{B}$	$\overline{A + B} = \bar{A} \cdot \bar{B}$
10	双重否定律	$\bar{\bar{A}} = A$	

任务总结

本任务学习了 4 种逻辑函数的表示方法和逻辑函数的运算规则。这 4 种表示方法各有优缺点，可以根据实际需求选择合适的表示方法。通过对逻辑函数的逻辑功能进行表示，可以更好地理解和分析逻辑函数的逻辑关系，为逻辑推理和逻辑设计提供基础。

任务测试

一、填空题(100 分)

1. $A \cdot 0 = $ ____。
2. $A + 1 = $ ____。
3. $A \cdot 1 = $ ____。
4. $A + 0 = $ ____。
5. $A \cdot A = $ ____。
6. $A + A = $ ____。
7. $(A + B)(A + C) = $ ____。
8. $AB + \bar{A}C + BC = $ ____。
9. $\bar{\bar{A}} = $ ____。
10. $A \cdot (A + B) = $ ____。

任务 2.2 公式化简法

任务导入

在本任务中将学习公式法化简逻辑函数。逻辑式越是简单,它所表示的逻辑关系越明显,同时也越有利于用最少的电子器件实现这个逻辑函数,这也是化简逻辑函数的意义所在。

任务目标

(1) 掌握公式化简法化简逻辑函数的过程。
(2) 能正确使用并项法、吸收法和配项法。

知识链接

数字电路的作用是表达一个现实的逻辑命题,实现逻辑功能。但是,从逻辑功能中简单概括得出的逻辑函数,往往不是最简表达式,根据这样的非最简表达式来实现电路,系统会过于复杂,导致成本过高,电路运行的安全性和可靠性也无法得到保障。

为了降低系统成本,提高工作可靠性,应在不改变逻辑功能的基础上,化简逻辑表达式,减小其规模,并进行相应变形,用更合理的函数式表达逻辑命题,以期用最少、最合理的门电路器件实现逻辑功能。

任务实施

公式化简法就是利用逻辑代数的基本公式和定律对逻辑函数进行化简的方法。

(1) 并项法。

并项法是将公式两项合并成一项,从而消去一个变量的方法。例如

$$Y = A\bar{B} + \bar{A}B + ACD + \bar{A}CD = \bar{B} + CD$$

$$\begin{aligned} Y &= AB\bar{C} + AB\bar{C} + ABC + A\bar{B}C \\ &= A(\bar{B}\bar{C} + B\bar{C}) + A(BC + \bar{B}C) \\ &= A\bar{C} + AC \\ &= A(\bar{C} + C) \\ &= A \end{aligned}$$

(2) 吸收法。

吸收法是利用吸收律吸收(消去)多余的乘积项或多余的因子的方法。例如

$$Y = \bar{A} + \bar{A}CD = \bar{A}(1 + CD) = \bar{A}$$

(3) 配项法。

配项法是利用重叠律 $A + A = A$、互补律 $A + \bar{A} = 1$ 和吸收律 $AB + \bar{A}C + BC = AB + \bar{A}C$,先配项或添加多余项,然后再逐步化简的方法。例如

$$Y = AB + \bar{A}C + BC$$

$$= AB + \overline{A}C + (A + \overline{A})BC$$
$$= AB + \overline{A}C + ABC + \overline{A}BC$$
$$= (AB + ABC) + (\overline{A}C + \overline{A}BC)$$
$$= AB + \overline{A}C$$

一个逻辑函数可能有多种不同的表达式,表达式越简单,则与之对应的逻辑图越简单。逻辑函数表达形式不同,其最简标准也不相同,通常以最常用的与或表达式为例,介绍有关化简的标准。与或表达式的最简标准有两点:

(1) 表达式中所含与项的个数最少。
(2) 每个与项中变量的个数最少。

任务总结

在本任务中学习了用公式化简法化简逻辑函数,包括并项法、吸收法和配项法。公式化简法的优点是不受变量个数的限制,但结果是否最简有时不容易判断。

任务测试

一、计算题(100 分)

1. 利用公式化简法化简函数:$Y = ABC + A\overline{B}\overline{C} + BC + \overline{B}C + A$。
2. 利用公式化简法化简函数:$Y = A\overline{B}C + \overline{A} + B + \overline{C}$。

任务 2.3　卡诺图化简法

任务导入

假设现有一个逻辑电路,已知所有输入对应的输出,那么如何找到这个系统的最简逻辑表达式呢?本任务将学习卡诺图化简逻辑函数的方法。使用卡诺图化简逻辑函数只要按照一定的规则就能得到结果。

任务目标

(1) 掌握最小项及最小项表达式。
(2) 能正确画出卡诺图。
(3) 能使用卡诺图化简逻辑函数。

知识链接

逻辑函数的卡诺图表示法

设有 n 个逻辑变量,由它们组成具有 n 个变量的与项,每个变量以原变量或者反变量的形式在与项中仅出现一次,则称这个与项为最小项。对于 n 个变量来说,共有 2^n 个最小项。

例如，A、B、C 3 个逻辑变量可以组成 $2^3 = 8$ 个最小项，三变量逻辑函数的最小项见表 2.2。

表 2.2 三变量逻辑函数的最小项

A	B	C	最小项	简记符号
0	0	0	$\overline{A}\,\overline{B}\,\overline{C}$	m_0
0	0	1	$\overline{A}\,\overline{B}C$	m_1
0	1	0	$\overline{A}B\overline{C}$	m_2
0	1	1	$\overline{A}BC$	m_3
1	0	0	$A\overline{B}\,\overline{C}$	m_4
1	0	1	$A\overline{B}C$	m_5
1	1	0	$AB\overline{C}$	m_6
1	1	1	ABC	m_7

表 2.2 中，$m_0, m_1, \cdots, m_7$ 为最小项的简记符号，又称为编号。

说明：

(1) 对于任意一个最小项，只有一组变量取值使它的值为 1，而变量的其他取值组合都使它为 0。

(2) 任一逻辑函数都可表示成唯一的一组最小项之和，称为逻辑函数的标准与或式，亦称为最小项表达式。

【例 2.1】 将逻辑函数 $Y = AB + B\overline{C} + \overline{A}BC$ 表示为最小项表达式。

解 这是一个包含 A、B、C 3 个变量的逻辑函数，与项 AB 中缺少变量 C，则用 $(C+\overline{C})$ 乘 AB；$B\overline{C}$ 中缺少变量 A，则用 $(A+\overline{A})$ 乘 $B\overline{C}$，然后利用分配律公式展开，就得到最小项表达式，即

$$Y = AB + B\overline{C} + \overline{A}BC$$
$$= AB(C+\overline{C}) + B\overline{C}(A+\overline{A}) + \overline{A}BC$$
$$= ABC + AB\overline{C} + \overline{A}B\overline{C}$$

任务实施

1. 卡诺图法表示逻辑函数

在逻辑函数的真值表中，输入变量的每一种组合都与一个最小项相对应，这种真值表也称为最小项真值表。卡诺图也称为最小项方格图，是将最小项按一定规则排列而成的方格阵列。三变量卡诺图和四变量卡诺图分别如图 2.1 和图 2.2 所示。

$A \backslash BC$	$\bar{B}\bar{C}$	$\bar{B}C$	BC	$B\bar{C}$
$\bar{A}$	m_0 $\bar{A}\bar{B}\bar{C}$	m_1 $\bar{A}\bar{B}C$	m_3 $\bar{A}BC$	m_2 $\bar{A}B\bar{C}$
A	m_4 $A\bar{B}\bar{C}$	m_5 $A\bar{B}C$	m_7 ABC	m_6 $AB\bar{C}$

图 2.1　三变量卡诺图

$AB \backslash CD$	$\bar{C}\bar{D}$	$\bar{C}D$	CD	$C\bar{D}$
$\bar{A}\bar{B}$	m_0 $\bar{A}\bar{B}\bar{C}\bar{D}$	m_1 $\bar{A}\bar{B}\bar{C}D$	m_3 $\bar{A}\bar{B}CD$	m_2 $\bar{A}\bar{B}C\bar{D}$
$\bar{A}B$	m_4 $\bar{A}B\bar{C}\bar{D}$	m_5 $\bar{A}B\bar{C}D$	m_7 $\bar{A}BCD$	m_6 $\bar{A}BC\bar{D}$
AB	m_{12} $AB\bar{C}\bar{D}$	m_{13} $AB\bar{C}D$	m_{15} $ABCD$	m_{14} $ABC\bar{D}$
$A\bar{B}$	m_8 $A\bar{B}\bar{C}\bar{D}$	m_9 $A\bar{B}\bar{C}D$	m_{11} $A\bar{B}CD$	m_{10} $A\bar{B}C\bar{D}$

图 2.2　四变量卡诺图

可以看出，卡诺图具有以下特点：

(1)n 变量的卡诺图有 2^n 个方格，对应表示 2^n 个最小项。每当变量数增加一个，卡诺图的方格数就增加一倍。

(2) 卡诺图中任意两个几何位置相邻的最小项，在逻辑上都是相邻的。由于变量取值的顺序按格雷码排列，保证了各相邻行(列)之间只有一个变量取值不同，从而保证了画出来的卡诺图具有这一重要特点。

所谓几何相邻，一是相接，即紧挨着；二是相对，即任意一行或一列的两头；三是相重，即对折起来位置重合。所谓逻辑相邻，是指除了一个变量不同外其余变量都相同的两个与项。

由于卡诺图中的方格同最小项或真值表中某一行是一一对应的，所以根据逻辑函数最小项表达式画卡诺图时，式中有哪些最小项，就在相应的方格中填 1，而其余的方格则填 0。如果根据函数真值表画卡诺图，凡使 $Y=1$ 的逻辑变量二进制取值组合均在相应的方格中填 1；而对于使 $Y=0$ 的逻辑变量二进制取值组合则在相应的方格中填 0。

【例 2.2】　用卡诺图表示函数

$$Y=A\bar{B}C+\bar{A}\bar{B}C+D+AD$$

解　先确定使每个与项为 1 的输入变量取值，然后在该输入变量取值所对应的方格中填 1。若逻辑函数不是与或式，应先将逻辑函数变换成与或式(不必变换成最小项表达式)，然后在含有各个与项的最小项对应的方格中填 1，即可得到函数的卡诺图。例 2.2 的卡诺图如图 2.3 所示。

$AB \backslash CD$	00	01	11	10
00	0	1	1	1
01	0	1	1	0
11	0	1	1	0
10	0	1	1	1

图 2.3　例 2.2 的卡诺图

2. 卡诺图法化简逻辑函数

逻辑函数的卡诺图化简法最重要的就是最小项合并。最小项合并规律为：在卡诺图中，凡是几何位置相邻的最小项均可以画圈合并。两个相邻最小项合并为一项，消去一个互补变量。

在卡诺图上，该合并圈称为卡诺圈，所对应的与项由圈内没有变化的变量组成，可以直接从卡诺图中读出。卡诺圈越大，消去的变量数就越多。最小项合并规律如图 2.4 所示。

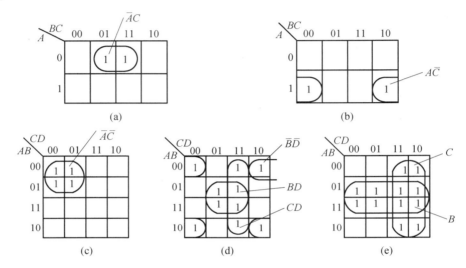

图 2.4　最小项合并规律

在卡诺图上以最少的卡诺圈和尽量大的卡诺圈覆盖所有填 1 的方格，即满足最小覆盖，就可以求得逻辑函数的最简与或式。

卡诺图化简的一般步骤是：

① 画出逻辑函数的卡诺图。

② 先从只有一种加圈法的最小项开始圈起，卡诺圈的数量应最少（与项的项数最少），卡诺圈应尽量大（对应与项中变量数量最少）。

③ 将每个卡诺圈写成相应的与项，并将它们相或，便得到最简与或式。圈卡诺圈时应注意，根据重叠律（$A+A=A$），任何一个 1 格可以多次被圈用；但如果在某个圈中所有的 1 格均已被别的卡诺圈圈过，则该圈为多余圈。为了避免出现多余圈，应保证每个圈内至少有一个 1 格只被圈一次。

【例 2.3】　求 $Y=\sum m(1,3,4,5,10,11,12,13)$ 的最简与或式。

解

（1）画出函数 Y 的卡诺图，如图 2.5 所示。

（2）圈卡诺圈。按照最小项合并规律，将可以合并的最小项分别圈起来。

根据化简的原则，应选择最少的卡诺圈和尽量大的卡诺圈覆盖所有的 1 格。首先选

择只有一种圈法的 BC,剩下 4 个 1 格(m_1,m_3,m_{10},m_{11})用 2 个卡诺圈覆盖。可见,只要用 3 个卡诺圈即可覆盖全部 1 格。

(3)写出最简式,即

$$Y = B\bar{C} + \bar{A}BD + A\bar{B}C$$

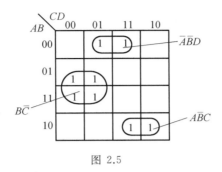

图 2.5

任务总结

本任务学习了卡诺图法化简逻辑函数。其优点是方便直观,容易掌握;但当变量数较多时,则因为图形复杂,不宜使用。在实际化简逻辑函数时,应将两种化简方法结合起来使用,以取得更好的效果。

任务测试

一、计算题(100 分)

用卡诺图法化简下列逻辑函数:
(1)$Y = \bar{B}CD + B\bar{C} + \bar{A}CD + A\bar{B}D$。
(2)$Y = \sum m(1,3,4,5,6,7,9,11,12,13,14,15)$。

任务 2.4　组合逻辑电路的分析与设计

任务导入

在任一时刻,如果逻辑电路的输出状态只取决于输入状态的组合,而与电路原来的状态无关,则称该电路为组合逻辑电路。

描述一个组合逻辑电路逻辑功能的方法有很多,通常有逻辑函数表达式、真值表、逻辑图、卡诺图、波形图 5 种。它们各有特点,既相互联系,又可以相互转换。本任务将要学习组合逻辑电路的分析和设计,以及加法器、比较器、编码器、译码器、数据分配器和数据选择器的使用方式。

任务目标

(1)掌握组合逻辑电路的分析方法。

(2) 能正确设计组合逻辑电路。
(3) 能使用加法器、比较器、编码器、译码器等器件。

知识链接

(1) 组合逻辑电路的概念。

在任一时刻,如果逻辑电路的输出状态只取决于输入各状态的组合,而与电路原来的状态无关,则称该电路为组合逻辑电路。图 2.6 所示为组合逻辑电路框图,假设它有 n 个输入端,m 个输出端,则可用以下逻辑函数描述:

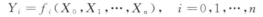

$$Y_i = f_i(X_0, X_1, \cdots, X_n), \quad i = 0, 1, \cdots, n$$

图 2.6 组合逻辑电路框图

描述一个组合逻辑电路逻辑功能的方法很多,通常有逻辑函数表达式、真值表、逻辑图、卡诺图、波形图 5 种。它们各有特点,既相互联系,也可以相互转换。

(2) 组合逻辑电路的特点。

① 从功能上看,组合逻辑电路的输出信号只取决于输入信号的组合,与电路原来的状态无关,即组合逻辑电路没有记忆功能。

② 从电路结构上看,组合逻辑电路由逻辑门组成,只有从输入到输出的正向通路,没有从输出到输入的反馈通路。

③ 门电路是组合逻辑电路的基本单元。

(3) 组合逻辑电路的分类。

① 按输出端数量可分为单输出电路和多输出电路。

② 按电路的逻辑功能可分为加法器、编码器、译码器、加法器、数据选择器等。

③ 按集成度可分为大规模集成电路(LSI)、中规模集成电路(MSI)、小规模集成电路(SSI)。

④ 按器件的极性可分为晶体管-晶体管逻辑(TTL)型和互补金属氧化物半导体(CMOS)型。

任务实施

组合逻辑电路的分析是指已知逻辑电路图,找出组合逻辑电路的输入与输出关系,确定在什么样的输入取值组合下,对应的逻辑输出值有效,从而阐明组合逻辑电路的功能。

组合逻辑电路的分析步骤如下:

① 根据给定组合逻辑电路的逻辑图,从输入端开始,逐级推导出输出端的逻辑函数表达式。

② 化简输出函数表达式。

③ 根据输出函数表达式,列出它的真值表(该步骤是否进行视具体情况而定)。
④ 通过逻辑函数表达式或真值表,概括出给定组合逻辑电路的逻辑功能。

对于典型的组合电路,可直接描述其功能;对于非典型的组合逻辑电路,应根据真值表中逻辑变量和逻辑函数的取值规律来说明,即指出输入为哪些状态时,输出为 1 或 0。

【例 2.4】 分析图 2.7 所示逻辑图的逻辑功能。

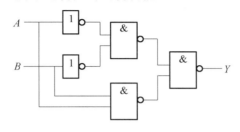

图 2.7　例 2.4 的逻辑图

解
(1) 写出逻辑函数表达式,即
$$Y = \overline{\overline{\overline{A}B} \cdot \overline{A\overline{B}}}$$
(2) 化简逻辑函数表达式,即
$$Y = \overline{\overline{\overline{A}B} \cdot \overline{A\overline{B}}} = \overline{A}B + A\overline{B}$$

(3) 分析逻辑功能。

从逻辑函数表达式中可以看出,该电路具有同或功能。

任务总结

本任务学习了组合逻辑电路的分析与设计,根据给定的实际逻辑问题,求出实现其逻辑功能的最简单的逻辑电路。

任务测试

一、简答题(100 分)

用代数法化简下列逻辑函数,要求用最简与或式表示出来,并画出电路图:
(1) $Y = \overline{A}\overline{B}\overline{C} + \overline{B}C + A\overline{C}$。
(2) $Y = \overline{A}\overline{C} + A(\overline{C} + A\overline{B}C) + AB\overline{C}$。

任务 2.5　三人表决器电路的设计与仿真

任务导入

前面已经学习、掌握了组合逻辑电路的分析方法。假设某选秀节目需要设计一款三人表决器,要求当 3 人中有 2 人或 2 人以上表示同意时,表决通过;否则,表决不通过。那么如何利用所学知识完成三人表决器的电路设计呢?

任务目标

(1) 掌握组合逻辑电路的设计方法。
(2) 能正确设计组合逻辑电路。
(3) 能使用 Proteus 软件进行三人表决器电路的仿真。

知识链接

组合逻辑电路的设计是组合逻辑电路分析的逆过程,目的是画出满足功能要求的最简逻辑电路图。所谓"最简",就是指电路所用的器件数最少,器件种类最少,器件间的连线也最少。

组合逻辑电路的设计步骤如下。

(1) 进行逻辑抽象。

将给定的实际逻辑问题抽象成一个逻辑函数表达式来描述。具体方法为:分析事件因果关系,确定输入变量和输出变量,并对输入变量和输出变量进行逻辑赋值。

通常把引起事件的原因作为输入变量,而把事件的结果作为输出变量,并用逻辑 0、逻辑 1 分别代表输入变量和输出变量的两种不同状态。这里逻辑 0、逻辑 1 的具体含义是人为规定的。

① 首先,根据给定的实际逻辑问题中的因果关系列出真值表。
② 然后,根据真值写出逻辑函数表达式。

至此,便将一个实际的逻辑问题就抽象成了一个逻辑函数表达式。

(2) 选择器件种类。

根据对电路的具体要求和器件资源情况决定采用哪些类型的器件。

(3) 对逻辑函数表达式进行化简或适当的变形。

对逻辑函数进行化简得到最简函数表达式。若对所用器件的种类有所限制,还需将最简逻辑函数表达式变换成与器件种类相适应的形式。

根据化简或变形后的逻辑函数表达式画出逻辑图。

任务实施

下面将进行组合逻辑电路的设计举例。

【例 2.5】　设计一个 3 人表决电路。要求当 3 个人中有 2 人或 2 人以上表示同意,则表决通过,否则表决不通过。用与非门实现。

解 (1) 进行逻辑抽象。

① 确定输入变量和输出变量,并赋值。

分析命题,设 3 个输入变量分别用 A、B、C 表示,且为 1 时表示同意,为 0 时表示不同意。表决的结果为输出变量,用 Y 表示,且为 1 时表示通过,为 0 时表示不通过。

② 根据命题列真值表,见表 2.3。

表 2.3 例 2.5 真值表

输入			输出
A	B	C	Y
0	0	0	0
0	0	1	0
0	1	0	0
0	1	1	1
1	0	0	0
1	0	1	1
1	1	0	1
1	1	1	1

③ 根据真值表写出逻辑函数表达式,有

$$Y = \bar{A}BC + A\bar{B}C + AB\bar{C} + ABC$$

(2) 选定逻辑器件。用与非门集成器件。

(3) 利用卡诺图法化简、变换逻辑函数,即

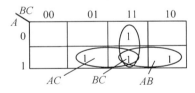

$$Y = \bar{A}BC + A\bar{B}C + AB\bar{C} + ABC = AB + BC + AC$$

(4) 根据逻辑函数表达式画出逻辑图,并用 Proteus 仿真,元件清单见表 2.4。

表 2.4 三人表决器元件清单

元件名	所在库	参数	备注	数目
RES	DEVICE	10 kΩ	电阻	3
RES	DEVICE	330 Ω	电阻	1
LED — RED	Optoelectronic	—	发光二极管(红色)	1
OR	CMOS	—	集成或门	2
AND	CMOS	—	集成与门	3
BUTTON	ACTIVE	—	开关	3
CELL	DEVICE	5 V	电池	1

(5) 用 Proteus 软件画出三人表决器仿真电路,如图 2.8 所示。

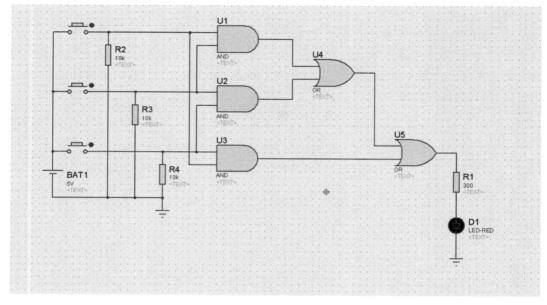

图 2.8　三人表决器仿真电路

(6) 在 Proteus 软件中对三人表决器电路进行仿真,如图 2.9～2.16 所示。

① 输入为 000,0 人同意,表决不通过,红灯灭。

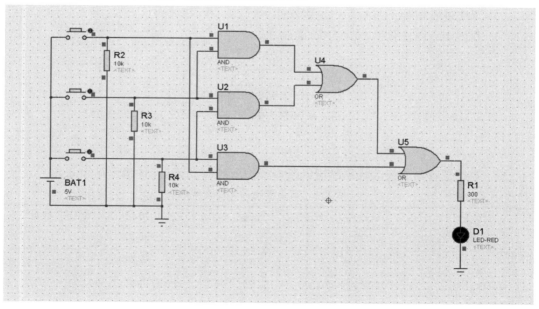

图 2.9　三人表决器电路仿真图一(彩图见附录)

② 输入为 001,1 人同意,表决不通过,红灯灭。

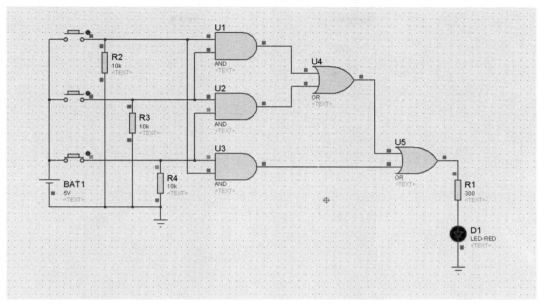

图 2.10　三人表决器电路仿真图二(彩图见附录)

③ 输入为 010,1 人同意,表决不通过,红灯灭。

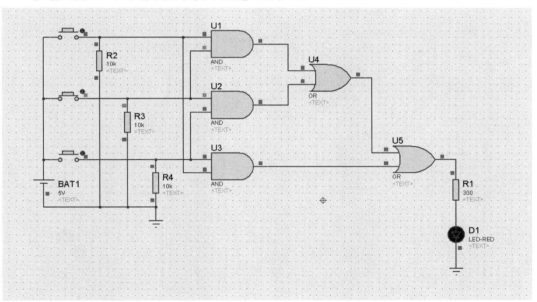

图 2.11　三人表决器电路仿真图三(彩图见附录)

④ 输入为 011,2 人同意,表决通过,红灯亮。

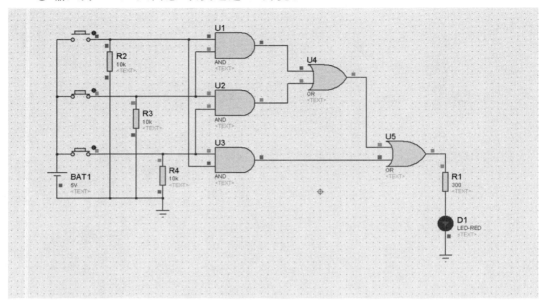

图 2.12　三人表决器电路仿真图四(彩图见附录)

⑤ 输入为 100,1 人同意,表决不通过,红灯灭。

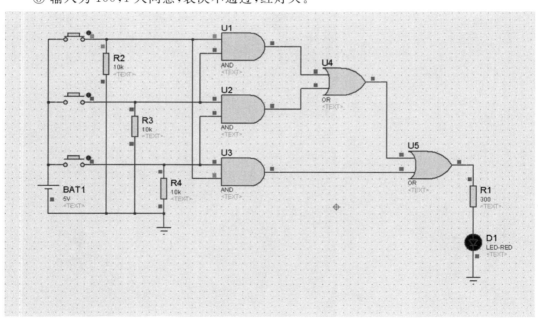

图 2.13　三人表决器电路仿真图五(彩图见附录)

⑥ 输入为101,2人同意,表决通过,红灯亮。

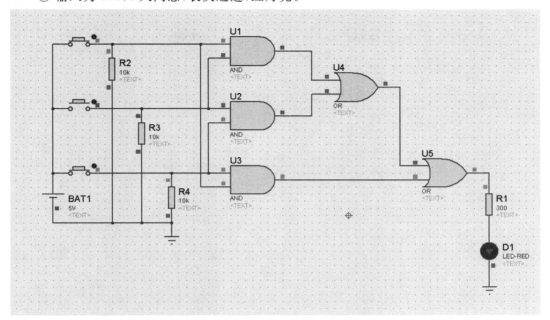

图 2.14　三人表决器电路仿真图六(彩图见附录)

⑦ 输入为110,2人同意,表决通过,红灯亮。

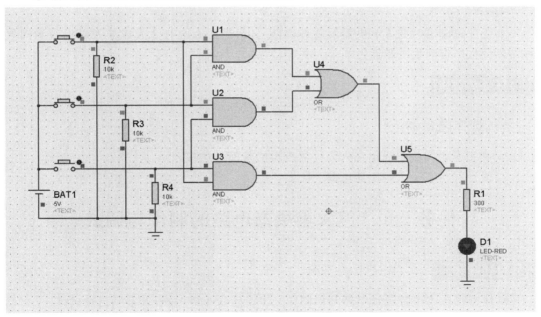

图 2.15　三人表决器电路仿真图七(彩图见附录)

⑧ 输入为 111,3 人同意,表决通过,红灯亮。

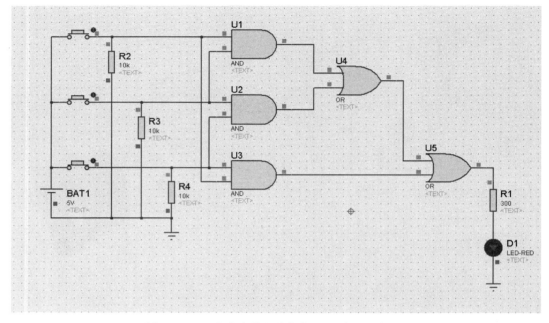

图 2.16　三人表决器电路仿真图八(彩图见附录)

任务小结

本任务完成了对三人表决器的仿真,结果显示当 3 人中有 2 人或 2 人以上表示同意时,表决通过,否则表决不通过。

任务测试

一、选择题(100 分)

1. 利用卡诺图法化简出三人表决器逻辑的最简表达式。
2. 设计并仿真三人表决器电路。

任务 2.6　三人表决器电路的制作与调试

任务导入

本任务将运用组合逻辑电路知识制作一个三人表决器电路,并对其进行调试。

任务目标

(1) 掌握组合逻辑电路——三人表决器电路的制作方法。
(2) 能正确选择元器件。

（3）能测试并调试三人表决器电路，排除电路故障。

知识链接

3个人参加表决一共有8种组合。假设输入为 A、B、C 3个变量，三人表决器的8种组合如下：(1)第1种组合：A，B，C 3人都不同意，表决不通过；(2)第2种组合：A 不同意，B 不同意，C 同意，表决不通过；(3)第3种组合：A 不同意，B 同意，C 不同意，表决不通过；(4)第4种组合：A 不同意，B 同意，C 同意，表决通过；(5)第5种组合：A 同意，B 不同意，C 不同意，表决不通过；(6)第6种组合：A 同意，B 不同意，C 同意，表决通过；(7)第7种组合：A 同意，B 同意，C 不同意，表决通过；(8)第8种组合：A，B，C 3人都同意，表决通过。

任务实施

1. 三人表决器电路组装

三人表决器电路PCB布线图如图2.17所示，将检验合格的元器件按照布线图安装在电路板上并进行焊接。

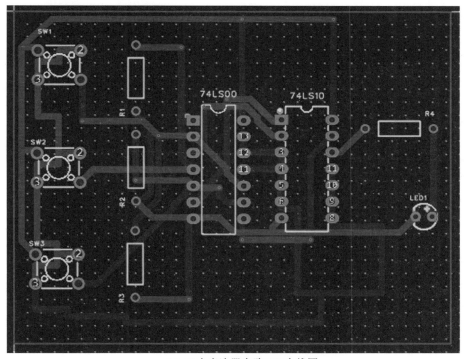

(a) 三人表决器电路PCB布线图

图 2.17　三人表决器电路 PCB 布线图（彩图见附录）

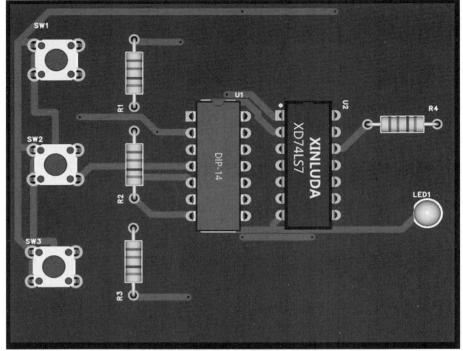

(b) 三人表决器电路PCB预览图

续图 2.17

电路装配时应注意:

(1) 边线应尽量短,整体接地状况要好。

(2) 根据集成电路焊接要求,焊接用的烙铁功率最好不大于 25 W,使用中性焊剂(如松香酒精溶液)。

(3) 电路板焊接完毕后,不得将其浸泡在有机溶液中清洗,只能用酒精擦去外引线上的助焊剂和污垢。

2. 三人表决器电路调试

仔细检查、核对电路与元器件,确认无误后接入 +5 V 电源(可使用电池代替)。3 个开关对应 A、B、C 3 个变量,分别进行三人表决器的 8 种情况的测试,输出结果符合三人表决器的逻辑输出即可。

3. 逻辑笔电路的故障排除

产生故障的原因有很多,主要有以下几方面:

(1) 电路设计错误。

(2) 布线错误。

(3) 集成器件使用不当或功能失效。

(4) 实验插座板不正常或使用不当。

(5)所用仪表性能不恰当、有故障或使用不当。

任务总结

本任务学习了三人表决器电路的制作与调试,制作过程包括元器件的检测、电路组装、电路调试、故障排除等步骤。

任务测试

一、填空题(40分)

1. 三人表决器一共有_____个输入变量。
2. 三人表决器一共有_____种输入组合。
3. 三人表决器一共有_____种输出情况。
4. 假设三人表决器输入为ABC,则输出表达式为_____。
5. 三人表决器的输出指示灯一共有_____种输出情况,具体的输出情况有_____。

二、简答题(60分)

制作并调试一个三人表决器电路。

任务评价

本学习任务的考评点、各考评点在本学习项目中所占分值比、各考评点评价方式及评价标准见表2.5。

表2.5 三人表决器电路的制作与调试评价表

序号	考评点	占分值比	评价方式	评价标准		
				优	良	及格
一	要求能够正确识别元器件、分析电路、了解电路参数指标	15%	教师评价(50%)+互评(50%)	能正确识别、检测数字集成门等元器件,熟练掌握电路原理及其电路主要参数指标	能正确识别、检测数字集成门等元器件,掌握电路原理及其电路主要参数指标	能正确识别、检测数字集成门等元器件,基本掌握电路原理及其电路主要参数指标
二	规划制作步骤与实施方案	20%	教师评价(80%)+互评(20%)	能详细列出元器件、工具、耗材、仪表清单,制订详细的安装制作流程与测试步骤	能详细列出元器件、工具、耗材、仪表清单,制订基本的安装制作流程与测试步骤	在教师指导下能详细列出元器件、工具、耗材、仪表清单,基本能制订详细的安装制作流程与测试步骤

续表2.5

序号	考评点	占分值比	评价方式	评价标准		
				优	良	及格
三	任务实施	30%	教师评价（20%）+自评（30%）+互评（50%）	布局合理，焊接质量可靠，焊接规范、一致性好，能正确使用万用表，能分析测试数据	布局合理，焊接质量可靠，焊接规范，能正确使用万用表测试数据	布局较合理，焊接质量基本可靠，焊接规范，能正确使用万用表测试数据
四	任务总结报告	10%	教师评价（100%）	格式标准，有完整、详细的采用集成门电路的三人表决器的任务分析、实施、总结过程记录，并能提出一些新的建议	格式标准，有完整的采用集成门电路的三人表决器的任务分析、实施、总结过程记录，并能提出一些新的建议	格式标准，有完整的采用集成门电路的三人表决器的任务分析、实施、总结过程记录
五	职业素养	25%	教师评价（30%）+自评（20%）+互评（50%）	工作积极主动、精益求精，不怕苦、不怕累、不怕难，遵守工作纪律，服从工作安排	工作积极主动、不怕苦、不怕累、不怕难，遵守工作纪律，服从工作安排	工作认真，不怕苦、不怕累、不怕难，遵守工作纪律，服从工作安排

项目 3 数码显示电路的设计与制作

项目描述

在各种电子控制设备中,数码显示已经成为不可缺少的重要环节。数码显示电路可以用来显示电路中的各种参数、状态和数据等信息,如电压、电流、温度、湿度、时间等。这样,用户就可以直观地了解设备的工作状态,及时发现问题并进行调整。日常生活中,对家用电器的操作也需要数码显示电路辅助进行,如电饭锅、电冰箱、洗衣机的设置等,应用十分广泛。本项目的目的是设计和制作一个简易的数码显示电路。本项目共包括5个任务,分别是加法器、编码器、译码器、数码显示电路的设计与仿真、数码显示电路的制作与调试。

学习目标

通过本项目的学习,要求:
(1) 具有严谨治学的态度,具有团队合作精神,具有创新意识。
(2) 掌握加法器的基本知识和逻辑功能,能正确使用加法器。
(3) 了解编码器的编码规律,能使用编码器按要求输出编码。
(4) 掌握译码器的真值表、引脚功能和电路结构。
(5) 能应用编码器和译码器进行二一十进制代码转换。
(6) 能设计和仿真数字显示电路。
(7) 能制作和调试数字显示电路。
(8) 熟悉数字显示电路的控制方法,能根据要求输出相应的数字。

任务 3.1 加法器

任务导入

在本任务中将要学习二进制加法器的定义、真值表及加法逻辑功能。加法器是能实现二进制加法器逻辑的组合逻辑电路,基本的加法器包括半加器和全加器两种。在电子系统中,所有复杂的程序运算,归根结底都能分解成由 0 和 1 组成的二进制数算术和逻辑运算,而加法器是一种用于执行加法运算的数字电路部件,是构成二进制数算术逻辑单元的基础。

任务目标

(1) 掌握加法器的定义。

(2) 掌握半加器和全加器的真值表及逻辑功能。

(3) 掌握进位加法器的逻辑功能。

(4) 能使用加法器实现加法逻辑电路。

知识链接

1. 逻辑电路

(1) 逻辑函数的定义。

逻辑函数遵循逻辑代数运算的规则。逻辑代数即布尔代数,是一种适用于逻辑推理、研究逻辑关系的主要数学工具。凭借此工具,可以把逻辑要求用简洁的数学形式表达出来,并进行逻辑电路的设计。逻辑函数反映的不是量与量之间的数量关系,而是逻辑关系。逻辑函数中的自变量和因变量只有0和1两种状态。

逻辑函数有多种表示方法,如真值表、逻辑函数表达式、逻辑图、卡诺图等。各种表示方法之间是可以相互转换的,在逻辑电路的分析和设计中经常会使用这些方法。

(2) 组合逻辑电路。

组合逻辑电路应用极为广泛,其特点是接收二进制代码输入并产生新的二进制代码输出,任意时刻的逻辑输出仅由当前的逻辑输入状态决定。输入、输出逻辑关系遵循逻辑函数的运算规则。

组合逻辑电路的分析是根据已知组合逻辑电路图,写出输出函数的最简逻辑表达式,列出真值表,分析逻辑功能。组合逻辑电路的设计则是分析的逆过程。

常用的组合逻辑电路有加法器、译码器、编码器、数据选择器等,TTL系列和COMS系列的集成电路中都有包含这些功能的产品,可按需选用。由于组合逻辑电路的应用广泛性和系列产品的多样性,熟悉一些常用组合逻辑电路的功能、结构特点及工作原理是十分必要的,这对于正确、合理使用这些集成电路是十分有用的。

2. 加法器

(1) 加法器的定义。

加法器是产生数的和的装置。加数与被加数为输入,和数与进位为输出的装置为半加器。加数、被加数与低位的进位为输入,和数与进位为输出的装置为全加器。加法器常用作计算机算术逻辑部件,执行逻辑操作、移位与指令调用操作。在电子学中,加法器是一种数位电路,其可进行数字的加法计算,主要的加法器是以二进制作运算。由于负数可用二进制数的补数来表示,所以加法器同时也可完成减法的功能。

(2) 二进制加法。

对于 1 位的二进制加法,相关的有 5 个量:① 被加数 A;② 加数 B;③ 前一位的进位 CIN(即 CI);④ 此位二数相加的和 S;⑤ 此位二数相加产生的进位 COUT(即 CO)。前 3 个量为输入量,后 2 个量为输出量,5 个量均为 1 位。

对于 32 位的二进制加法,相关的也有 5 个量:① 被加数 A(32 位);② 加数 B(32 位);③ 前一位的进位 CIN(1 位);④ 此位二数相加的和 S(32 位);⑤ 此位二数相加产生的进位 COUT(1 位)。

要实现 32 位的二进制加法,方法之一就是将 1 位的二进制加法重复 32 次(即逐位进位加法),这样做简单易行,但由于每一位的 CIN 都是由前一位的 COUT 提供的,所以第 2 位必须在第 1 位计算出结果后才能开始计算,第 3 位必须在第 2 位计算出结果后才能开始计算,依此类推。而最后的第 32 位必须在前 31 位全部计算出结果后,才能开始计算。这样的方法,使得实现 32 位的二进制加法所需的时间是实现 1 位的二进制加法所需的时间的 32 倍。

任务实施

1. 半加器

(1) 半加器的定义。

半加器是指只有被加数 A 和加数 B 输入的 1 位二进制加法电路。加法电路有 2 个输出,一个是两数相加的和(S),另一个是相加产生的高位进位(CO)。

(2) 半加器的真值表。

根据半加器定义可得其真值表,见表 3.1。由真值表可得输出函数表达式为

表 3.1 半加器真值表

A	B	S	CO
0	0	0	0
0	1	1	0
1	0	0	1
1	1	1	1

$$S = A\bar{B} + \bar{A}B = A \oplus B$$
$$CO = AB$$

显然,半加器的和函数 S 是其输入 A、B 的异或函数,进位函数 CO 是 A、B 的逻辑乘。用一个异或门和一个与门即可实现半加器功能,图 3.1 所示为半加器的逻辑图和逻辑符号。

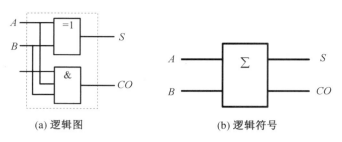

(a) 逻辑图　　　　　　　　　　(b) 逻辑符号

图 3.1　半加器的逻辑图和逻辑符号

2. 全加器

全加器的输入不仅有被加数 A 和加数 B，还有前一位的进位 CI；3 个输入相加产生全加器的 2 个输出，即和 S 与 A、B、CI 相加产生的进位 CO。根据全加器功能可得其真值表，见表 3.2。

表 3.2　全加器真值表

A	B	CI	S	CO
0	0	0	0	0
0	0	1	1	0
0	1	0	1	0
0	1	1	0	1
1	0	0	1	0
1	0	1	0	1
1	1	0	0	1
1	1	1	1	1

$$S = \overline{A}\,\overline{B}CI + \overline{A}B\,\overline{CI} + A\overline{B}\,\overline{CI} + ABCI = A \oplus B \oplus CI$$
$$CO = (A\overline{B} + \overline{A}B)CI + AB = (A \oplus B)CI + AB$$

根据上式可知，全加器的和函数 S 是其输入 A、B、CI 的异或函数；进位函数 CO 是 A、B 的异或与 CI 的逻辑乘再与 A、B 的逻辑乘相或的结果。用 2 个异或门和 1 个与或门即可实现全加器功能。图 3.2 为全加器的逻辑图和逻辑符号。

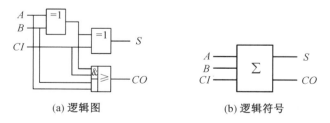

(a) 逻辑图　　　　　　　　　　(b) 逻辑符号

图 3.2　全加器的逻辑图和逻辑符号

3. 超前进位加法器 74LS283 芯片

为了提高运算速度,必须设法减少进位引起的时间延迟,方法就是事先由 2 个加数构成各加法器所需要的进位。集成加法器 74LS283 就是超前进位加法器,其逻辑符号和引脚图如图 3.3 所示,逻辑功能图如图 3.4 所示。其中 $B_0 \sim B_3$、$A_0 \sim A_3$ 为 4 位二进制数的加数和被加数,CO 为低位进位,$S_0 \sim S_3$ 为加法器的和,CI 为本位进位。

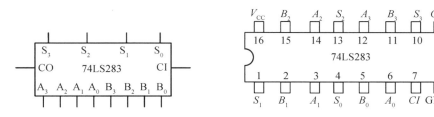

(a) 逻辑符号　　　　　　　　　　(b) 引脚图

图 3.3　超前进位加法器 74LS283 的逻辑符号和引脚图

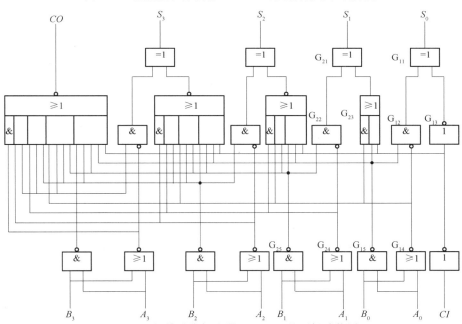

图 3.4　超前进位加法器 74LS283 的逻辑功能图

集成加法器的型号还有很多,常用加法器型号见表 3.3。

表 3.3　常用加法器型号

型号	功能说明
74LS183	1 位双保留进位全加器
74LS82	2 位二进制全加器(快速进位)
74LS83	4 位二进制全加器(快速进位)
74LS283	4 位二进制全加器

任务总结

本任务学习了加法器的定义和组合逻辑电路功能。基本的加法器包括半加器和全加器两种。半加器是只进行2个同位的二进制数相加,而不考虑低位进位的加法器;全加器则是能够完成2个同位的二进制数相加及低位进位的加法器。在电子电路中,可以使用异或门、与门和与或门组成组合逻辑电路,实现二进制数代码的逻辑运算;为了提高运算速度,减少进位延迟,可用集成的超前进位加法器进行加法运算,完成逻辑功能。

任务测试

一、选择题(30分)

1. 加法器有半加器和全加器之分。半加器的本质是(　　　)。
A. 2个1位二进制数相加,是2输入2输出的逻辑电路
B. 2个2位二进制数相加,是2输入2输出的逻辑电路
C. 2个1位二进制数相加,是2输入3输出的逻辑电路
D. 3个1位二进制数相加,是3输入2输出的逻辑电路

2. 根据加法器的运算机制,下列等式正确的为(　　　)。
A. 11=1　　　　B. 11=2　　　　C. 11=10　　　　D. 11=0

3. 加法器采用先行进位的目的是(　　　)。
A. 节省器材
B. 快速传递进位信号
C. 优化加法器结构
D. 增强加法器功能

二、判断题(10分,正确打√,错误打×)

加法器是用来完成2个二进制数相加的逻辑电路。(　　　)

三、填空题(60分)

1. 实现2个1位二进制数相加,产生1位和值及1位进位值,但不考虑前一位的进位的加法器称为_____;将前一位的进位与2个二进制数相加,产生1位和值及1位向高位的进位的加法器称为_____。

2. 集成电路4位二进制全加器74LS83采用了_____进位方式。

3. 组合逻辑电路的特点是输出状态只与_____有关,与_____无关,其基本单元电路是_____。

任务 3.2 编码器

任务导入

在本任务中将要学习编码器的定义、编码器的逻辑功能与应用。在数字电路的设计中,编码器是非常重要的组成部分。由于数字电路只能处理二进制信号,为了让数字电路能够处理信息,必须将待处理的信息表示成特定的二进制信号,所以编码器是数字电路的输入电路。

任务目标

(1) 掌握编码器的定义。
(2) 理解编码器的逻辑电路。

知识链接

(1) 编码器的定义。

所谓编码,就是将具有特定含义的信息(如数字、文字、符号等)用二进制代码来表示,以便在数字电路中传输和处理的过程。实现编码功能的数字电路称为编码器。编码器的输入为被编信号,输出为二进制代码。

(2) 编码器的分类和功能。

编码器按编码方式不同可分为普通编码器和优先编码器两大类;按输出代码的种类不同可分为二进制编码器和二-十进制编码器等。

编码器在数字系统中的主要功能有:

① 数据压缩。编码器可以将大量的输入数据编码压缩为较小的编码形式,从而实现数据的压缩和传输优化。

② 信号传输。编码器将输入信号转换为特定的编码形式,可以提高信号的可靠性和鲁棒性,减小传输中的误码率。

③ 信息安全。编码器可以将输入信息进行加密编码,提高信息的安全性和传输的可靠性。

任务实施

1. 二进制普通编码器

普通编码器对输入的要求比较苛刻,任何时刻都只允许 1 个输入信号有效,即输入信号之间是有约束的。用 n 位二进制代码对 2^n 个信息进行编码的电路称为二进制编码器,如图 3.5 所示。图 3.6 所示为由与非门及非门组成的 3 位二进制编码器的逻辑图,它有 7 个编码输入端 $I_1 \sim I_7$,有 3 个二进制代码输出端 $Y_2 \sim Y_0$。

由图 3.6 可写出编码器各输出端的逻辑函数表达式,即

$$Y_2 = I_4 + I_5 + I_6 + I_7$$
$$Y_1 = I_2 + I_3 + I_6 + I_7$$
$$Y_0 = I_1 + I_3 + I_5 + I_7$$

由上述逻辑函数表达式可列出该编码器的功能表，见表 3.4。

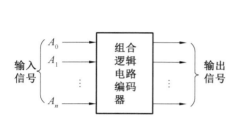

图 3.5　二进制编码器示意图

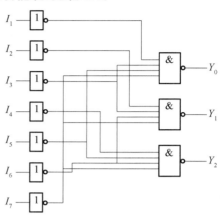

图 3.6　3 位二进制编码器逻辑图

表 3.4　3 位二进制普通编码器功能表

输入							输出		
I_1	I_2	I_3	I_4	I_5	I_6	I_7	Y_2	Y_1	Y_0
0	0	0	0	0	0	1	1	1	1
0	0	0	0	0	1	0	1	1	0
0	0	0	0	1	0	0	1	0	1
0	0	0	1	0	0	0	1	0	0
0	0	1	0	0	0	0	0	1	1
0	1	0	0	0	0	0	0	1	0
1	0	0	0	0	0	0	0	0	1
0	0	0	0	0	0	0	0	0	0

下面根据 3 位二进制普通编码器的功能表，对其逻辑功能进行说明。

①$I_1 \sim I_7$ 为 7 个输入端，输入高电平有效。

高电平有效即输入信号为高电平时，表示编码请求；输入信号为低电平时，表示无编码请求。当 $I_1 \sim I_7$ 全为低电平，即 $I_1 \sim I_7$ 无编码请求时，输出 $Y_2 \sim Y_0$ 全为低电平，此时相当于对 I_0 进行编码。所以该编码器能为 8 个输入信号编码。

②$Y_2 \sim Y_0$ 为 3 个二进制代码输出端，输出高电平有效。

3 个二进制代码从高位到低位的顺序为 Y_2、Y_1、Y_0，输出为二进制码原码。

③ 任何时刻都只允许 1 个输入信号请求编码。

此编码器任何时刻都不允许有 2 个或 2 个以上的输入信号同时请求编码，否则输出将发生混乱，因此这种编码器的输入信号是相互排斥的。

2. 优先编码器

优先编码器解决了普通编码器输入信号相互排斥的问题，允许同时有 2 个或 2 个以上的输入信号请求编码。由于在设计优先编码器时已经预先对所有编码信号按优先顺序设置了优先级别，所以当输入端有多个编码请求时，编码器只对其中优先级别最高的输入信号进行编码，而不考虑其他优先级别较低的输入信号。常用的优先编码器有 74LS147、74LS148 等。

图 3.7 给出了 3 位二进制优先编码器 74LS148 的逻辑符号和引脚图。由于它有 8 个编码信号输入端 $\bar{I}_7 \sim \bar{I}_0$，3 个二进制代码输出端 $\bar{Y}_2 \sim \bar{Y}_0$，为此又称它为 8 线－3 线优先编码器。

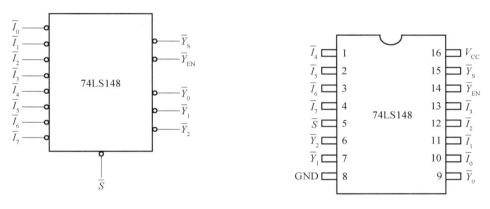

(a) 逻辑符号　　　　　　　　　　　　　　(b) 引脚图

图 3.7　3 位二进制优先编码器 74LS148 的逻辑符号和引脚图

74LS148 的功能表见表 3.5。

表 3.5　74LS148 的功能表

输入									输出				
$\bar{S}$	$\bar{I}_0$	$\bar{I}_1$	$\bar{I}_2$	$\bar{I}_3$	$\bar{I}_4$	$\bar{I}_5$	$\bar{I}_6$	$\bar{I}_7$	$\bar{Y}_2$	$\bar{Y}_1$	$\bar{Y}_0$	$\bar{Y}_{EN}$	$\bar{Y}_S$
H	×	×	×	×	×	×	×	×	H	H	H	H	H
L	H	H	H	H	H	H	H	H	H	H	H	H	L
L	×	×	×	×	×	×	×	L	L	L	L	L	H
L	×	×	×	×	×	×	L	H	L	L	H	L	H
L	×	×	×	×	×	L	H	H	L	H	L	L	H
L	×	×	×	×	L	H	H	H	L	H	H	L	H
L	×	×	×	L	H	H	H	H	H	L	L	L	H
L	×	×	L	H	H	H	H	H	H	L	H	L	H
L	×	L	H	H	H	H	H	H	H	H	L	L	H
L	L	H	H	H	H	H	H	H	H	H	H	L	H

表中，H 表示高电平(即 1)，L 表示低电平(即 0)，× 表示任意电平。

根据 74LS148 的功能表对其逻辑功能说明如下。

①$\bar{I}_7 \sim \bar{I}_0$ 为 8 个输入端，低电平有效。$\bar{I}_7$ 优先级别最高，从 $\bar{I}_7$ 到 $\bar{I}_0$ 优先级别依次降低，$\bar{I}_0$ 优先级别最低。例如，在编码器工作时，若 $\bar{I}_7\bar{I}_6\bar{I}_5\bar{I}_4\bar{I}_3\bar{I}_2\bar{I}_1\bar{I}_0 = 01001010$，即 $\bar{I}_7$、$\bar{I}_5$、$\bar{I}_4$、$\bar{I}_2$、$\bar{I}_0$ 有编码请求，$\bar{I}_6$、$\bar{I}_3$、$\bar{I}_1$ 无编码请求，编码器只对 $\bar{I}_7$ 的输入信号进行编码，对应的输出代码为 $\bar{Y}_2\bar{Y}_1\bar{Y}_0 = 000$。

②$\bar{Y}_2 \sim \bar{Y}_0$ 为 3 个输出端，低电平有效。3 位二进制代码从高位到低位的排列为 $\bar{Y}_2\bar{Y}_1\bar{Y}_0$，且输出代码为二进制码的反码。

③$\bar{S}$ 为选通输入端，低电平有效。当 $\bar{S} = 1$ 时，禁止编码器工作。此时，不管编码输入端有无编码请求，均输出 $\bar{Y}_2\bar{Y}_1\bar{Y}_0 = 111$，且 $\bar{Y}_S = 1$，$\bar{Y}_{EX} = 1$。当 $\bar{S} = 0$ 时，允许编码器工作。当所有编码输入端均无编码请求时，输出 $\bar{Y}_2\bar{Y}_1\bar{Y}_0 = 111$，此时 $\bar{Y}_S = 0$，$\bar{Y}_{EX} = 1$；当编码输入端有编码请求时，编码器为优先级高的输入信号编码，输出 $\bar{Y}_2\bar{Y}_1\bar{Y}_0$ 为与被输入信号相对的二进制代码，此时 $\bar{Y}_S = 1$，$\bar{Y}_{EX} = 0$。

④$\bar{Y}_S$ 为选通输出端，$\bar{Y}_{EX}$ 为扩展输出端，用于扩展编码功能。74LS148 的功能表中出现的三种 $\bar{Y}_2\bar{Y}_1\bar{Y}_0 = 111$ 情况，可以用 $\bar{Y}_S$ 和 $\bar{Y}_{EX}$ 的不同状态加以区分。

任务总结

本任务学习了编码器的定义、编码器的逻辑功能与应用。基本的编码器包括普通编码器和优先编码器。在数字系统中，编码器将待处理的信息转化成方便数字电路处理的二进制代码供系统使用，通常作为组合逻辑电路的输入端。通过编码器将信息与二进制代码转换，可以压缩数据容量，优化信息传输和处理过程。

任务测试

一、判断题（20 分，正确打 √，错误打 ×）

优先编码器的编码信号是相互排斥的，不允许多个编码信号同时有效。（   ）

二、填空题（80 分）

1. 8421BCD 编码器有 10 个输入端，_____个输出端，它能将十进制数转换为_____代码。

2. 74LS148 芯片中 $\bar{I}_7 \sim \bar{I}_0$ 为 8 个_____，_____电平有效。

3. 74LS148 芯片中 $\bar{Y}_2 \sim \bar{Y}_0$ 为 3 个_____，_____电平有效。

4. 74LS148 芯片中 $\bar{S}$ 为_____，_____有效。

任务3.3　译码器

任务导入

在各种数字系统中,常常需要将数字量以十进制译码直观地显示出来,供人直接读取结果或监视数字系统的工作状况。因此,数字显示电路是许多数字设备中不可缺少的部分。数字显示电路通常由译码器和显示器两部分组成。本任务将要学习译码器的逻辑功能与应用。

任务目标

（1）掌握译码器的逻辑电路和功能。
（2）掌握数据分配器的逻辑电路和功能。
（3）掌握数据选择器的逻辑电路和功能。
（4）掌握应用二进制译码器设计、实现组合逻辑电路的方法。

知识链接

1. 译码器和显示译码器

译码是编码的逆过程,即把编码的特定含义"翻译"过来。译码器是将代表特定信息的二进制代码翻译成对应的输出信号,以表示其原来含义的电路。

译码器按其功能特点可以分为二进制译码器、二—十进制译码器和显示译码器等。

下面介绍两种显示译码器。

（1）七段字符显示译码器。

七段字符显示译码器是由发光二极管构成的,亦称为半导体数码管（LED数码管）。将条状发光二极管按照共阴极（负极）或共阳极（正极）的方法连接,组成"8"字形,再把发光二极管的另一电极作为笔段电极,就构成了半导体数码管。若按规定使某些笔段上的发光二极管发光,字符显示译码器就能显示0~9之间的数字。其中的发光二极管是由磷砷化镓或砷化镓半导体材料制成的,且杂质浓度很高。当外加电压时,导带中大量的电子跃迁回价带,与此同时空穴复合,把多余的能量以光的形式释放出来,成为一定波长的可见光。

半导体数码管结构如图3.8所示,图3.8(a)是共阳极七段数码管结构,图3.8(b)是共阴极七段发光数码管结构。

半导体数码管能在低电压、小电流条件下驱动发光,能与CMOS电路、TTL电路兼容;发光响应时间极短（<0.1 μs）,高频特性好;单色性好,亮度高,体积小,质量轻;抗冲击性能好,寿命长,使用寿命在10万h以上,甚至可达100万h;成本低。因此它被广泛用

作数字仪器仪表、数控装置、计算机的数字显示器件。

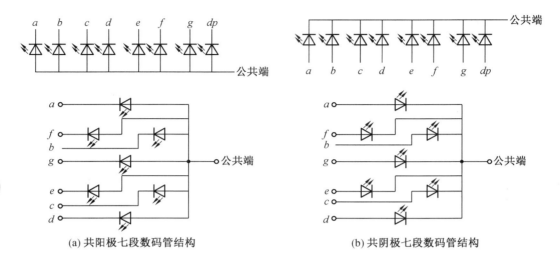

图 3.8　半导体数码管结构

(2) 集成七段显示译码器。

CD4511 为 CMOS 集成七段显示译码器,具有锁存、译码、驱动功能。

CD4511 逻辑符号如图 3.9 所示,A、B、C、D 为 BCD 码输入,A 为最低位;$Q_A \sim Q_G$ 是 7 段输出。当 $\overline{LT}=0$(低电平有效)时,所有字段亮起,实现灯测试功能;当 $\overline{LT}=0$、$\overline{BI}=1$(低电平有效)时,所有字段熄灭,实现消隐功能;当 $\overline{LT}=1$、$\overline{BI}=1$ 时,CD4511 实现 BCD 译码显示功能,此时,锁存使能端的 LE 信号决定译码显示内容:当 $LE=0$ 时,显示该时刻输入的 BCD 码相对应的字符,但只能显示字符 $0\sim9$;当 $LE=1$ 时,显示 LE 上跳时锁存入 CD4511 内存的 BCD 码字符。利用 CD4511 的锁存功能,多个七段译码器可以实现数据共享,能直接驱动数码管发光。

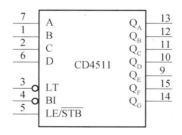

图 3.9　CD4511 逻辑符号

CD4511 的真值表见表 3.6。

表 3.6　CD4511 的真值表

输入							输出							显示
LE	$\overline{BI}$	$\overline{LT}$	D	C	B	A	Q_A	Q_B	Q_C	Q_D	Q_E	Q_F	Q_G	
0	1	1	0	0	0	0	1	1	1	1	1	1	0	0
0	1	1	0	0	0	1	0	1	1	0	0	0	0	1
0	1	1	0	0	1	0	1	1	0	1	1	0	1	2
0	1	1	0	0	1	1	1	1	1	1	0	0	1	3
0	1	1	0	1	0	0	0	1	1	0	0	1	1	4
0	1	1	0	1	0	1	1	0	1	1	0	1	1	5
0	1	1	0	1	1	0	0	0	1	1	1	1	1	6
0	1	1	0	1	1	1	1	1	1	0	0	0	0	7
0	1	1	1	0	0	0	1	1	1	1	1	1	1	8
0	1	1	1	0	0	1	1	1	1	0	0	1	1	9
×	×	0	×	×	×	×	1	1	1	1	1	1	1	8
×	0	1	×	×	×	×	0	0	0	0	0	0	0	消隐
1	1	1	×	×	×	×	锁存							锁存

2. 数据分配器和数据选择器

（1）数据分配器。

数据分配是指信号源输入的二进制数据按需要分配到不同的输出通道，实现这种逻辑功能的器件称为数据分配器，如图 3.10 所示。$M(2^N)$ 个输出通道需要 N 位二进制信号来选择输出通道，称为 N 位地址（信号）。

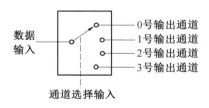

图 3.10　数据分配器示意图

数据分配器可以用译码器实现，74LS138 的 A_2、A_1、A_0 相当于图 2.18 的通道选择信号，也称为地址。输入某一地址，相应的 $m_i = 1$，该地址对应的通道输出数据 $Y_i = D$，如图 3.11 所示，地址 $A_2A_1A_0 = 000$ 时，数据由 0 号输出通道输出，其他输出端为逻辑常量 1；改变地址，数据就改变输出通道，实现数据分配功能。

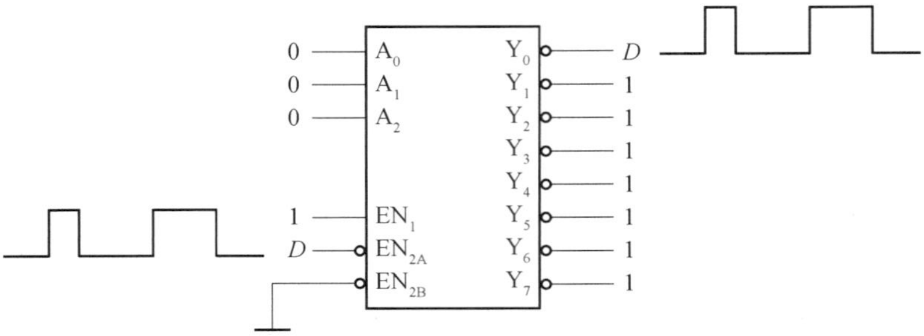

图 3.11　74LS138 用做数据分配器

（2）数据选择器。

从 1 组输入数据中选出需要的 1 个数据作为输出的过程称为数据选择,具有数据选择功能的器件称为数据选择器,如图 3.12 所示。数据选择器的逻辑功能与数据分配器的逻辑功能相反,常用的有 4 选 1、8 选 1、16 选 1 等型号的数据选择器。

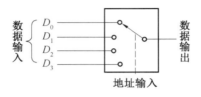

图 3.12　数据选择器示意图

一般来说,数据选择器的数据输入端数 M 和数据选择端数 N 之间有 $M=2^N$,数据选择端确定一个二进制码(或称为地址),对应地址通道的输入数据被传送到输出端(公共通道)。

4 选 1 数据选择器有 4 个数据输入端(D_3、D_2、D_1、D_0)和 2 个地址输入端(A_1、A_0),1 个数据输出端(Y),另外附加一个使能(选择通道)端(EN)。根据 4 选 1 数据选择器的功能,并设使能信号低电平有效,可得 4 选 1 数据选择器功能表,见表 3.7。由表 3.7 可写出其输出逻辑函数表达式,即

$$Y = \overline{EN}\,\overline{A_1}\,\overline{A_0}D_0 + \overline{EN}\,\overline{A_1}A_0D_1 + \overline{EN}A_1\,\overline{A_0}D_2 + \overline{EN}A_1A_0D_3 = \sum \overline{EN}m_iD_i$$

由此可得 4 选 1 数据选择器逻辑图,如图 3.13 所示。

表 3.7　4 选 1 数据选择器功能表

EN	A_1	A_0	Y
0	0	0	D_0
0	0	1	D_1
0	1	0	D_2
0	1	1	D_3

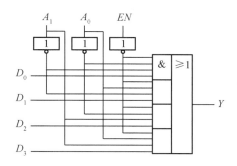

图 3.13　4 选 1 数据选择器逻辑图

任务实施

译码器应用电路的设计与制作

(1) 设计原理。

编码、译码、显示原理逻辑功能测试图如图 3.14 所示,该电路由 10 线 － 4 线编码器 (74LS147)、字符译码器(74LS48)和字符显示器(数码管)构成。

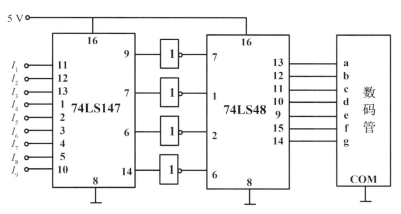

图 3.14　编码、译码、显示原理逻辑功能测试图

由于二进制译码器能产生输入变量的全部最小项,而任一组合函数总能表示成最小项之和的形式,所以利用二进制译码器及或门可实现任意组合逻辑电路。

(2) 测试内容。

① 编码器、译码器和显示器组合功能测试

按照图 3.14 所示接好电路,依次在各输入端输入有效电平,观察、记录电路输入与输出的对应关系,以及当几个输入同时为有效电平时编码的优先级关系。

② 用 74LS138 及与非门实现下列组合逻辑函数:

a.$Y_1(A,B,C)=\sum m_i(i=0,2,3,5,6)$;

b. $Y_2(A,B,C) = \sum m_i (i = 1,2,3,7)$；

c. $Y_3 = AB + BC + CA$；

d. $Y_4 = A + \overline{BC}$。

③ 用74LS138及与非门设计一个能判断 A、B 两数大小的比较电路（A、B 都是1位二进制数）。

任务总结

本任务学习了译码器、数据分配器和数据选择器的逻辑电路和功能，以及应用二进制译码器设计、实现组合逻辑电路的方法。译码是编码的逆过程，是将输入的1组二进制代码译成与之对应的信号输出的过程，译码器是完成这一功能的器件。译码器分为通用译码器和显示译码器。数据选择器常常用MUX表示，具有从1组多路输入数据中选取1个数据传送到它的输出端的功能。

知识拓展

下面介绍竞争与冒险。

1. 产生竞争与冒险的原因

在组合逻辑电路中，若某个变量通过2条或2条以上途径到达同一逻辑门的输入端时，由于每条路径上的延迟的时间不同，因此到达逻辑门的时间有先后，则这种现象就称为竞争。由于竞争的存在，真值表描述的逻辑关系有可能受到短暂的破坏，在输出端产生错误结果，这种现象称为冒险。

图3.15（a）所示逻辑图的逻辑函数表达式为 $Y = A \cdot \overline{A}$；但由于 G_1 的延迟，$\overline{A}$ 的输入要滞后于 A 的输入，致使 G_2 的输出出现一个高电平窄脉冲，如图3.15（b）所示。这种产生正尖峰脉冲的冒险也称为1型冒险。

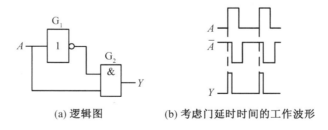

(a) 逻辑图　　　(b) 考虑门延时时间的工作波形

图3.15　产生正尖峰脉冲冒险（1型冒险）

同样，对于逻辑函数表达式为 $Y = A + \overline{A}$ 的逻辑电路（图3.16（a）），则会因为 $\overline{A}$ 的延迟，产生一个图3.16（b）所示的低电平（负尖峰）窄脉冲，这种冒险称为0型冒险。

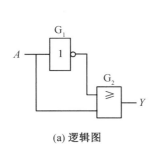 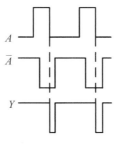

(a) 逻辑图   (b) 考虑门延时时间的工作波形

图 3.16 产生正尖峰脉冲冒险（0 型冒险）

2. 冒险现象的判别

分析冒险现象产生的原因，可以得到如下结论：在组合逻辑电路中是否存在冒险现象，可通过逻辑函数表达式来判断，若组合逻辑电路的输出逻辑函数表达式在一定条件下可简化成 $Y=A+\overline{A}$ 或 $Y=A \cdot \overline{A}$，则该组合逻辑电路存在冒险现象。

【**例 3.1**】 试判别逻辑函数表达式 $Y=A\overline{B}+\overline{A}C+BC$ 是否存在冒险现象。

解 由逻辑函数表达式可以看出 A、B、C 具有竞争能力。

（1）当取 $A=1$、$C=0$ 时，$Y=B+\overline{B}$，存在冒险现象。

（2）当取 $B=0$、$C=1$ 时，$Y=A+\overline{A}$，存在冒险现象。

（3）当取 $A=0$、$B=1$ 时，$Y=C+\overline{C}$，存在冒险现象。

由分析可知，逻辑函数表达式 $Y=A\overline{B}+\overline{A}C+BC$ 存在冒险现象。

3. 消除冒险现象的方法

冒险现象可能会使组合逻辑电路产生误动作，应该在实际电路中消除它。消除冒险现象的方法很多，常用的有以下几种：

① 加封锁脉冲。在输入信号产生竞争、冒险的时间内，引入一个脉冲将可能产生尖峰干扰脉冲的门封锁住。

② 加选通脉冲。对输出可能产生尖峰干扰脉冲的门电路增加一个选通信号的输入端，只有在输入信号转换完成并稳定后，才引入选通脉冲将它打开，此时才允许有输出。

③ 接入滤波电容。

④ 修改逻辑设计，即在逻辑表达式中增加一个冗余项。例如，在例 2.6 的逻辑表达式 $Y=A\overline{B}+\overline{A}C+BC$ 中增加冗余项 $\overline{B}C$，则当 $B=0$、$C=1$ 时，$BC=1$，可以消除冒险。

任务测试

一、选择题(48 分)

1. 4 线－10 线译码器输出状态只有输出 $Y_2=0$，其余输出均为 1，则它的输入状态为(   )。

A.0100　　　　B.1011　　　　C.1101　　　　D.0010

2. 一个16选1的数据选择器,其地址输入(选择控制输入)端有(　　)个。
A.1　　　　B.2　　　　C.4　　　　D.16

3. 4选1数据选择器的输出数据 Y 与输入数据 X_i 和地址 D_i 之间的逻辑函数表达式为 $Y=$(　　)。

A.$\overline{A}_1\overline{A}_0D_0+\overline{A}_1A_0D_1+A_1\overline{A}_0A_0D_2+A_1A_0D_3$

B.$\overline{A}_1\overline{A}_0D_0$

C.$\overline{A}_1A_0D_1$

D.$A_1A_0D_3$

4. 在下列逻辑电路中,不是组合逻辑电路的是(　　)。
A.译码器　　　　B.编码器　　　　C.全加器　　　　D.寄存器

5. 用3线－8线译码器74LS138实现原码输出的8路数据分配器,应有(　　)。

A.$EN_1=1,\overline{EN}_{2A}=D,\overline{EN}_{2B}=0$

B.$EN_1=1,\overline{EN}_{2A}=D,\overline{EN}_{2B}=D$

C.$EN_1=1,\overline{EN}_{2A}=0,\overline{EN}_{2B}=D$

D.$EN_1=D,\overline{EN}_{2A}=0,\overline{EN}_{2B}=0$

6. 译码器的输出是(　　)。
A.表示二进制代码　　　　B.表示二进制数
C.特定含义的逻辑信号　　　D.都可以

7. 完成二进制代码转换为十进制数应选择(　　)。
A.译码器　　　B.编码器　　　C.一般组合逻辑电路　　　D.数据选择器

8. 74LS148芯片中选通输出端和扩展输出端分别为(　　),用于扩展编码功能。
A.$\overline{Y}_S,\overline{Y}_{EX}$　　　B.Y_S,Y_{EX}　　　C.CS,EN　　　D.$GS,\overline{Y}_{EX}$

二、判断题(32分,正确打√,错误打×)

1. 编码与译码是互逆的过程。(　　)

2. 二进制译码器相当于一个最小项发生器,便于实现组合逻辑电路。(　　)

3. 共阴极接法发光二极管数码显示器需选用有效输出为高电平的七段显示译码器来驱动。(　　)

4. 数据选择器和数据分配器的功能正好相反,二者互为逆过程。(　　)

三、填空题(20分)

1. 半导体数码显示器的内部接法有两种形式:共_____接法和共_____接法。

2. 对于共阳极接法的发光二极管数码显示器,应采用_____电平驱动的七段显示译码器。

任务 3.4　数码显示电路的设计与仿真

任务导入

数码显示电路在生产生活中有着广泛应用,它可以用于制作各种电子计时器,如赛跑计时器、倒计时器和计时闹钟等。它们可以精确地显示时间,并且操作简单,广泛用于体育比赛、厨房计时等场合。也可以用于制作各种电子钟表,如电子表、挂钟和闹钟等。它们可以精确地显示时间,并且具有较长的使用寿命和较低的能耗。本任务要进行数码显示电路的设计与仿真,并设计出一个由 8 个开关控制的数码显示电路。

任务目标

(1) 掌握数码显示电路的工作原理。
(2) 能使用组合逻辑电路实现数码显示功能。
(3) 能使用软件设计数码显示电路并仿真。

知识链接

1. 数码显示原理

数码管是由多个发光二极管共阴极或者共阳极组成的呈"8"字形的显示器件。当在数码管特定的段加上电压后,这些特定的段就会发亮,形成我们眼睛看到的字样。

数码管通过不同的组合可用来显示数字 0～9,字符 A～F、H、L、P、R、U、Y,符号"—",以及小数点"."。数码管的工作原理是通过控制外部的输入端口驱动数码管的各个段码,点亮不同的段码从而形成字符,显示数字。

共阳极数码管的 8 个发光二极管的阳极(二极管正极)连接在一起接高电平,其他管脚接段驱动电路输出端。当某段驱动电路的输出端为低电平时,则该端所连接的字段导通并点亮。

共阴极数码管的 8 个发光二极管的阴极(二极管负极)连接在一起接低电平,其他管脚接段驱动电路输出端。当某段驱动电路的输出端为高电平时,则该端所连接的字段导通并点亮。

2. 数码显示电路的工作原理

(1) 数码显示电路工作原理图。

数码显示电路工作原理方框图如图 3.17 所示。

图 3.17　数码显示电路工作原理方框图

(2) 电路分析。

数码显示电路由编码电路、反相电路和译码显示电路三部分组成。

① 编码电路。

编码电路由优先编码器 74LS148、电路逻辑电平开关 $S_0 \sim S_7$ 及限流电阻组成。

对于优先编码器 74LS148，74 表示国际通用 74 系列，L 表示低功耗，S 表示肖特基型管（高速型），148 表示产品序号。在优先编码器 74LS148 中，I_7 的优先级别最高，I_0 的优先级别最低。

② 反相电路。

IC2 是集成反相器，可以是 74LS04 等芯片，其作用是将优先编码器 74LS148 输出的二进制反码转换成二进制码。

③ 译码显示电路。

译码显示电路由驱动器 CD4511、限流电阻及 LED 数码管 CL－5161AS 组成。例如，I_5 有效（为低电平）时，74LS148 的输出为 5 的二进制反码，即 $Y_2Y_1Y_0=010$，则经过反相后输出为 101，再经 CD4511 译码和驱动后，LED 数码管显示数字"5"。

(3) 电路指标。

① 特性指标。

输入电压：+5 V；输入电流：30 mA。

② 质量指标。

LED 数码管应能按照设定的编码显示，应无跳变、无叠字、无缺笔画等现象，显示亮度应均匀。逻辑电平开关应操作灵活，接触可靠。优先编码器 74LS148、反相器、译码器应能正常工作。

③ 电路元器件参数及功能见表 3.8。

表 3.8　数码显示电路中元器件的参数及功能

序号	元器件代号	元件名称	型号及参数	规格	功能	备注
1	IC1	优先编码器	74LS148	16 脚芯片	编码	—
2	IC2	六非门	74LS04	14 脚芯片	二进制码取反	—
3	IC3	显示译码器	CD4511	16 脚芯片	译码	—
4	LED	LED 数码管	CL－5161AS	10 脚芯片	数字显示	共阴极数码管
5	$R_0 \sim R_7$	电阻	10 kΩ	1/4 W	限流	
6	$R_8 \sim R_{14}$	电阻	510 Ω	1/4 W	限流	
7	$S_0 \sim S_7$	按钮开关	—	6.3×6.3	高低电平转换	—

任务实施

1. 元件的拾取

选择主菜单"Library"—"Pick Device/Symbol",或直接单击左侧工具箱中的图标 后再单击"P"按钮,进入元件拾取对话框。元件清单见表3.9,采用直接查询法,找出数码显示电路所需元件,并将所有元件都拾取到编辑区的元件列表中。

表 3.9 元件清单

元件名	所在库	参数	备注	数目
74LS148	74LS	—	集成门电路芯片	1
74LS04	74LS	—	集成门电路芯片	1
4511	CMOS	—	集成门电路芯片	1
7SEG-COM-CATHODE	DISPLAY	—	共阴极数码管	1
RES	DEVICE	10 kΩ	电阻	8
RES	DEVICE	510 Ω	电阻	7
BUTTON	ACTIVE	—	开关	1
CELL	DEVICE	5 V	电池	1

数码显示电路的设计与仿真

2. 元件位置的调整和参数的修改

使用界面左下方的4个图标 可改变元件的方向及对称性。左键双击原理图编辑区中元件的参数,弹出"Edit Component"(元件属性设置)对话框,设置正确的元件参数。

3. 电路连线

电路连线采用按格点捕捉和自动连线的形式,所以首先要确保编辑窗口上方的自动连线图标 和自动捕捉图标 为按下状态。Proteus的连线是非常智能的,它会根据操作者下一步的操作自动连线,操作者不需要选择连线的操作,只需用鼠标左键单击编辑区元件的一个端点并拖动到要连接的另外一个元件的端点,先松开左键后再单击鼠标左键,即可完成一次连线。如果要删除一根连线,鼠标右键双击连线即可。按图标 可以取消背景格点显示。连接好的数码显示电路原理图如图3.18所示。

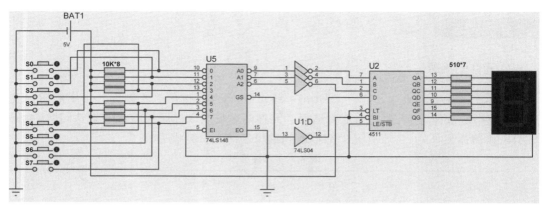

图 3.18　连接好的数码显示电路原理图

4. 数码显示电路仿真

通过前面的步骤,我们已经完成了电路原理图的设计和连接,下面来看看电路的仿真效果。

单击 Proteus ISIS 环境中左下方的仿真控制按钮 中的运行按钮,开始仿真。电路通电后,数码管初始显示为 0。按下按键 S_0,则数码管显示 0。同理,若分别按下按键 $S_1 \sim S_7$,则数码管分别显示 $1 \sim 7$。按下按键 S_1 的仿真效果如图 2.30 所示。

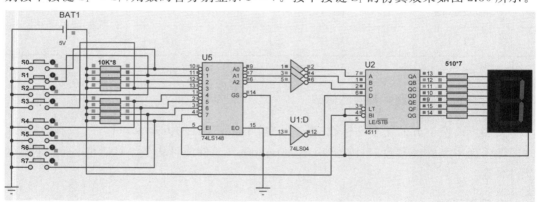

图 3.19　按下按键 S_1 的仿真效果图(彩图见附录)

任务总结

数码显示电路由编码电路、反相电路和译码显示电路三部分组成。应用 Proteus 对数码管电路进行仿真。

(1) 编码电路。

编码电路由优先编码器 74LS148、电路逻辑电平开关 $S_0 \sim S_7$ 及限流电阻组成。

对于优先编码器 74LS148,74 表示国际通用 74 系列,L 表示低功耗,S 表示肖特基型管(高速型),148 表示产品序号。在优先编码器 74LS148 中,I_7 的优先级别最高,I_0 的最低。

（2）反相电路。

IC2 是集成反相器，可以使用 74LS04 等芯片，其作用是将优先编码器 74LS148 输出的二进制反码转换成二进制码。

（3）译码显示电路。

译码显示电路由驱动器 CD4511、限流电阻及 LED 数码管 CL－5161AS 组成。例如，I_5 有效（为低电平）时，74LS148 的输出为 5 的二进制反码，即 $Y_2Y_1Y_0=010$，则经过反相后输出为 101，再经 CD4511 译码和驱动后，LED 数码管显示数字"5"。

知识拓展

LED 数码管是在驱动电路下显示数码的，而驱动器通常选用半导体集成电路，几种与 LED 数码管配套使用的常用基础驱动器见表 3.10。

表 3.10 常用基础驱动器

种类	典型产品	配 LED 数码管	备注
译码/驱动器	CD4511、MC14513	1 位共阴	段驱动
七路达林顿驱动器	MC1413	共阴或共阳	段驱动/驱动器
计数/译码/驱动器	CD40110、CD4026	1 位共阴	段驱动
多位可预置可逆计数/译码/驱动器	ICM7212A	4 位共阳	动态显示
	ICM7212B	4 位共阴	

任务测试

一、简答题

1. 简述数码显示电路的工作原理。
2. 应用 Proteus 软件设计数码显示电路并仿真。

任务 3.5 数码显示电路的制作与调试

任务导入

本任务将制作一个数码显示电路，并对这个电路进行调试，排除电路故障。数码管显示电路的制作过程包括元器件的检测、电路组装、电路调试、故障排除等步骤。

任务目标

(1)掌握数码管、编码器、译码器的检测方法和检测步骤。
(2)能使用电工工具组装数码显示电路。
(3)能正确完成数码显示电路的调试。
(4)能检测并排除数码显示电路的常见故障。

知识链接

1. 共阴数码管的检测

(1)LED 数码管的外形结构。

LED 数码管的常见外形如图 3.20 所示。

图 3.20　LED 数码管的常见外形

(2)LED 数码管的性能检测。

LED 数码管的性能检测方法一般有以下 3 种。

① 用 3 V 干电池检测。

LED 数码管外观要求颜色均匀、无局部变色、无气泡等,在业余条件下可用干电池进行检测,下面以共阴极数码管为例介绍该检测方法,如图 3.21 所示。将 3 V 干电池负极引出线固定接在 LED 数码管的公共阴极上;电池正极引出线依次移动接触笔画对应端口的正极,这一引出线接触到某一笔画对应端口的正极时,对应笔画就应显示出来。

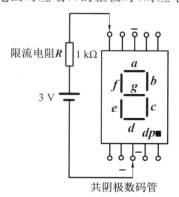

图 3.21　干电池法检测共阴极 LED 数码管

用这种简单的检测方法可以检测出数码管是否有断笔（某笔画不能显示）和连笔（某些笔画连在一起）现象，并且可以比较不同的笔画发光强弱。

若检测共阳极数码管，只需将电池负极引出线对调一下即可，方法同上。

② 用万用表检测。

对数码管的检测既可以用指针式万用表检测，也可以用数字式万用表检测，如图3.22所示。用指针式万用表检测共阴极数码管时，旋到电阻挡，黑表笔（+）接各个段码，红表笔（-）接公共端。用数字式万用表检测共阴极数码管时，旋到电阻挡，黑表笔（-）接公共端，红表笔（+）依次接各个段码，查看各个笔段是否点亮。

若检测共阳极数码管，将红、黑表笔对调即可。

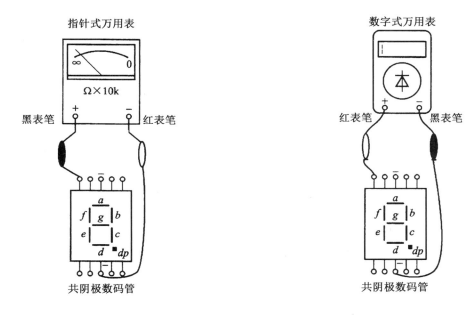

图 3.22　用万用表检测共阴极 LED 数码管

③ 用数字万用表的 h_{FE} 插口检测。

利用数字万用表的插口能够方便地检测 LED 数码管的发光情况。选择 NPN 挡时，C 孔带正电，E 孔带负电。例如，检测 CL-5161AS 型共阴极 LED 数码管时，从 E 孔插入一根单股细导线，导线引出端接一极（第 ③ 脚与第脚在内部连通，可任选其一）；再从 C 孔引出一根导线依次接触各笔段。若按图 3.23(a) 所示电路，将第 ④、⑤、①、⑥、⑦ 脚短路后再与 C 孔引出线接通，则显示数字 2；若把 $a \sim g$ 段全部接 C 孔引出线，则显示数字 8，如图 3.23(b) 所示。

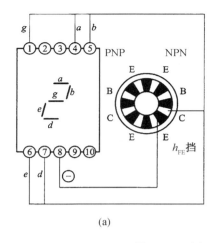 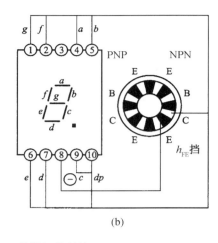

图 3.23　用 h_{FE} 挡测试 LED 共阴极数码管

对型号不明又无引脚排列图的 LED 数码管,用数字万用表的 h_{FE} 挡可完成下述测试工作:

a.判定数码管的结构形式(共阴极或共阳极)。

b.识别引脚。

c.检测全亮笔段。

预先可假定某个电极为公共极,然后根据笔段发光或不发光加以验证。当笔段电极接反或公共极判断错误时,该笔段不能发光。

(3) 数码管使用注意事项。

① 不要用手触摸数码管表面和引脚。

② 焊接温度为 260 ℃,焊接时间为 5 s。

③ 表面有保护膜的产品,应该在使用前将保护膜撕下来。

2. 优先二进制编码器 74LS148 的检测

优先二进制编码器 74LS148 的引脚排列如图 3.7 所示,逻辑功能见表 3.5。采用逻辑电平检测优先二进制编码器的方法如下:将所有的输入端分别接数字电路实验箱的电平开关,所有的输出端分别接实验箱的 LED 显示器,按逻辑功能表接入相应的输入信号,验证其输出是否符合表 3.5。

3. 显示译码器 CD4511 的检测

CD4511 的逻辑符号如图 3.9 所示,真值表见表 3.6,其检测方法同优先二进制编码器的检测方法;也可将输出直接和数码管连接,直接测试其逻辑功能。

4. 反相器的检测

反相器的种类有很多,例如六反相器 74LS04,它的引脚排列如图 3.24 所示,其 6 个非门完全独立,可选择其中任意 4 个非门,可用数字电路实验箱进行测试。

项目3 数码显示电路的设计与制作

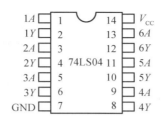

图 3.24 74LS04 的引脚排列

任务实施

1. 数码显示电路组装

（1）制作工具与仪器设备。

① 电路焊接工具：电烙铁（20～35 W）、烙铁架、焊锡丝、松香。

② 机加工工具：剪刀、剥线钳、尖嘴钳、平口钳、螺丝刀、套筒扳手、镊子、电钻。

③ 测试仪器仪表：万用表、数字示波器、逻辑测试笔。

（2）电路整体安装方案设计。

数码显示电路 PCB 布线图如图 3.25(a) 所示，将检验合格的元器件按照布线图安装在电路板上并进行焊接。

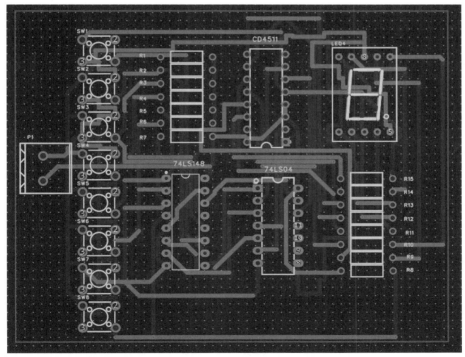

(a) 数码显示电路PCB布线图

图 3.25 数码显示电路整体安装方案图（彩图见附录）

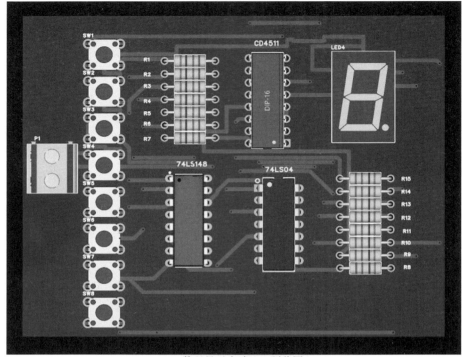

(b) 数码显示电路PCB预览图

续图 3.25

(3) 数码显示电路组装。

将检测合格的元器件按数码显示电路工作原理图所示安装在万能电路板上。

电路装配应重点注意以下问题：

① 边线尽量短，整体接地要好。

② 焊接用的烙铁功率最好不大于 25 W，使用中性焊剂（如松香酒精溶液）。

③ 电路板焊接完毕后，不得将其浸泡在有机溶液中清洗，只能用酒精擦去外引线上的助焊剂和污垢。

2. 数码显示电路的调试

安装好的数码显示电路的调试步骤如下：

(1) 仔细检查、核对电路与元器件，确认无误后接入规定的 +5 V 直流电压。

(2) 通电后，虽然编码器输出 $\overline{Y}_2\overline{Y}_1\overline{Y}_0=111$，但由于此时 $\overline{Y}_{EN}=1$，$\overline{Y}_{EN}$ 经反相后为高电平，即 $BI=0$，CD4511 具有清零功能，所以此时数码管无显示。

(3) 当按下 $S_0 \sim S_7$ 中的一个或几个开关时，数码管将按编码器的优先级别显示相应的数字，例如，同时按下 S_0、S_5、S_7，则数码管将显示数字 7。

3. 数码显示电路的故障排除

当电路不能完成预期的逻辑功能时,就称电路有故障。故障产生的原因大致可以归纳为以下 4 个方面:操作不当(如布线错误等)、设计不当、元器件使用不当或功能不正常,以及仪器(主要指数字电路实验箱)出现故障。

在所有元器件(编码器、译码器、数码管等)都完好的情况下,将元器件焊接在电路板上,验证其功能,若电路不能正常工作,则需要检查故障。通常有以下几种故障:

(1) 通电后,按下逻辑电平开关,数码管没有任何显示。

(2) 通电后,按下逻辑电平开关,数码管的显示错误。

(3) 通电后,按下逻辑电平开关,数码管的显示不稳定。

一般从以下几点查找电路故障的原因:

(1) 查电源。可能是电源和地的原因,电源和地一定不能短路,并且应检查电源电压是否为标准的 +5 V,每个芯片是否都和电源连通,各个接地点是否可靠接地。

(2) 查开关。若电源没有问题,逻辑电平开关断开时应该输入 TTL 高电平 1,逻辑电平开关闭合时应该输入 TTL 低电平 0;若并非如此,则开关接错。

(3) 查 74LS148。(1)(2) 检查均无误后,逐个按下逻辑电平开关,查看编码器输出是否正确。比如按下 S_0,则 74LS148 的输入端应只有 $\overline{I_0}$ 为低电平,$\overline{I_1} \sim \overline{I_7}$ 应为高电平,输出 $\overline{Y_2}\overline{Y_1}\overline{Y_0}$ 应该均为高电平;倘若不符合真值表,则应查看芯片的连接是否有误,焊接是否合格,或者通过用一个完好的 74LS148 来替代原 74LS148 等方法确定故障点。

(4) 查反相器 IC_2。(1)(2)(3) 检查均无误后,改变对应 74LS148 的输出端 $\overline{Y_2}\overline{Y_1}\overline{Y_0}$ 的电平来检查反相器能否正常工作。

(5) 查 CD4511。将改变反相器的输入送给 CD4511,查看数码管的显示是否正确。倘若不正确,依据 CD4511 的真值表查看 CD4511,并且检查其是否与数码管正确连接。

(6) 查焊接故障。包括电路虚焊、错焊、漏焊等。

① 虚焊。虚焊即焊点质量非常差,是所有故障中最难查找的,表现为电路有时正常,有时不正常,这个时候需要用电烙铁逐个修补那些焊得不好的焊点。

② 错焊。错焊包括电路短路、断路及焊接错误等,通常电路表现为不正常工作,可以依据电路图逐个找到故障点。

③ 漏焊。漏焊时电路也表现为不正常工作,可以依据电路图查看哪条线路漏焊,之后补焊即可。

总之,故障检查需要依据电路工作原理一步一步发现故障,并耐心、细致地找到故障出现的原因所在。需要强调的是,虽然经验对于故障检查是有很大帮助的,但只要充分掌握基本理论和原理,就不难用逻辑思维的方法较好地检查和排除故障。

安装好的数码显示电路板检查无误后,通电,当按下按键 $S_1 \sim S_8$ 时,数码管分别显示 1~8。

任务总结

本任务制作了一个数码显示电路,并对这个电路进行了调试,排除了电路故障。数码显示电路的制作过程包括元器件的检测、电路组装、电路调试、故障排除等步骤。

学习项目评价

本学习项目的考评点、各考评点在本学习项目中所占分值比、各考评点评价方式及评价标准见表3.11。

表3.11 数码显示电路的制作与调试评价表

序号	考评点	占分值比	评价方式	评价标准		
				优	良	及格
一	要求能够正确识别元器件、分析电路、了解电路参数	15%	教师评价(50%)+互评(50%)	能正确识别筛选数码管、开关、编码器等元器件，能正确地分析电路的工作原理	能正确识别筛选数码管、开关、编码器等元器件，较好地分析电路工作原理	能正确识别筛选数码管、开关、编码器等元器件，基本了解电路工作原理
二	规划制作步骤与实施方案	20%	教师评价(80%)+互评(20%)	列出详细元器件、工具、耗材、仪表清单，制订详细安装制作流程与测试步骤	列出元器件、工具、耗材、仪表清单，制订安装制作流程	列出元器件、工具、耗材、仪表清单，制订部分安装制作流程
三	任务实施	30%	教师评价(20%)+自评(30%)+互评(50%)	焊接质量可靠，焊点规范，布局合理，熟练使用仪表，能分析测试数据	焊接质量可靠，焊点规范，布局合理，能较熟练地使用仪表	焊接质量可靠，布局合理，能使用仪表
四	任务总结报告	10%	教师评价(100%)	格式符合标准，内容完整、有详细的过程记录和分析，并能提出一些新的建议	格式符合标准，内容完整、有详细的过程记录和分析	格式符合标准、内容较完整
五	职业素养	25%	教师评价(30%)+自评(20%)+互评(50%)	工作积极主动、精益求精，不怕苦、不怕累、不怕难，遵守工作纪律，服从工作安排	工作积极主动、不怕苦、不怕累、不怕难，遵守工作纪律，服从工作安排	工作认真，不怕苦、不怕累、不怕难，遵守工作纪律，服从工作安排

> 知识拓展

液晶是介于固体和液体之间的一种有机化合物。一般情况下,液晶和液体一样可以流动,但它在不同方向上的光学特性不同,和晶体性质类似,因此称为液晶。液晶可以分为近晶型液晶、向列型液晶和胆固醇型液晶,其中胆固醇型液晶大部分是由胆固醇的衍生物所生成的。数字显示主要采用场效应扭曲向列型液晶。利用液晶的光电效应制作而成的显示器就是LCD液晶显示器。

1. LCD液晶显示器的结构

LCD液晶显示器是在上下两块薄玻璃片间注入液晶材料,四周用胶框封接,形成的一个几微米厚的"小盒"。玻璃内侧面制有透明电极,其间的液晶棒状分子靠近上电极的平行于玻璃片排列,靠近下电极的则垂直于玻璃片排列,分析可知上下电极间的液晶分子被逐步扭曲成90°螺旋形结构,如图2.36所示。

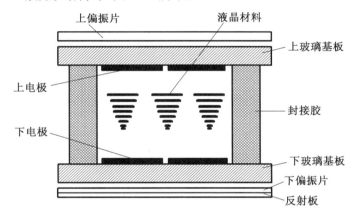

图 3.26 LCD液晶显示器的结构

2. LCD液晶显示器的工作原理

当有光线入射时,上偏振片使其偏振方向平行于相邻分子的定向,则入射光线的偏振方向会被液晶分子的螺旋形结构转90°至正交。所以在不加电场时入射偏振光不能通过下偏振片到达反射板并原路返回,盒子呈透亮状态,因此便能看到反射板呈白底。

当在上下电极之间加上足够大的电压,破坏液晶分子的"扭曲"作用时,液晶层便失去旋光性,此时入射偏振光不再旋转,而与下偏振片的偏振方向相差90°,光被吸收,无光反射回来,自然就看不到反射板,在电极部位出现黑色,于是实现了白底黑字的显示。根据需要可制成不同的电极,从而显示不同的内容。LCD液晶显示器采用交流驱动方式,一般驱动电压为3 V。

平时LCD液晶显示器呈透亮背景,电极部位加电压后,显示黑色的字符或者图形,这种显示称为正显示。如果将图3.26中下偏振片转成与上偏振片的偏振方向一致装配,则显示正好相反,平时背景呈黑色,加电压后显示字符部分呈透亮状态,这种显示称为负显示。负显示适用于带背光源的彩色显示器件。

任务测试

一、简答题

试分析题图 3.27 所示的译码器的显示电路的工作原理及每个元器件的作用。

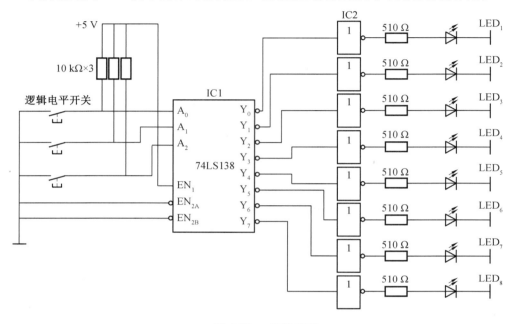

图 3.27　简答题图

项目 4　抢答器电路的设计与制作

项目描述

触发器是一种具有记忆功能、能够存放数字信息的电路,是构成时序逻辑电路的基本部件。触发器最重要的特点是具有记忆功能,其是能够存储 1 位二进制码的逻辑电路。

本项目主要包括各种触发器、抢答器电路的设计与仿真、抢答器电路的制作与调试,从而让学生掌握触发器的特点及应用方式。

学习目标

通过本项目的学习,要求:
(1) 培养责任意识,规范意识,科学探索精神。
(2) 掌握时序逻辑电路与组合逻辑电路的区别及时序逻辑电路的表示方法。
(3) 熟练掌握 RS 触发器、D 触发器、JK 触发器的逻辑功能与测试方法。
(4) 熟练掌握各种类型触发器的相互转换方法。
(5) 熟练掌握时序图、状态图的应用与分析方法。
(6) 掌握数字集成电路资料查阅、识别、测试与选取方法。
(7) 掌握抢答器电路的设计、仿真、测试、安装与检修方法。

任务 4.1　时序逻辑电路概述

任务导入

本任务将要学习时序逻辑电路的组成与分类、时序逻辑电路逻辑功能的描述方法,以及时序逻辑电路的分析步骤,并将其用于典型例题求解分析。

任务目标

(1) 掌握时序逻辑电路与组合逻辑电路的区别。
(2) 掌握时序逻辑电路的表示方法。
(3) 熟练掌握时序图、状态图的应用与分析方法。

> 知识链接

在数字电路中,凡是任一时刻的稳定输出状态不仅取决于该时刻的输入信号,而且还和电路原来的状态有关的电路,都叫作时序逻辑电路,简称时序电路。与前面介绍的组合逻辑电路相比,时序逻辑电路的优点在于具有记忆功能。触发器是时序逻辑电路的基本单元。

1. 时序逻辑电路的组成

时序逻辑电路由组合逻辑电路和存储电路两部分组成,结构框图如图 4.1 所示。

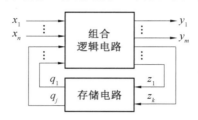

图 4.1　时序逻辑电路的结构框图

图中外部输入信号用 $X(x_1,x_2,\cdots,x_n)$ 表示;电路的输出信号用 $Y(y_1,y_2,\cdots,y_m)$ 表示;存储电路的输入信号用 $Z(z_1,z_2,\cdots,z_k)$ 表示;存储电路的输出信号和组合逻辑电路的内部输入信号用 $Q(q_1,q_2,\cdots,q_j)$ 表示。

可见,为了实现时序逻辑电路的逻辑功能,电路中必须包含存储电路,而且存储电路的输出还必须反馈到输入端,与外部输入信号一起决定电路的输出状态。存储电路通常由触发器组成。

2. 时序逻辑电路逻辑功能的描述方法

用于描述触发器逻辑功能的各种方法,一般也适用于描述时序逻辑电路的逻辑功能,主要有以下几种。

（1）逻辑表达式。

图 4.1 中的几种信号之间的逻辑关系可用下列逻辑表达式来描述:

$$Y=F(X,Q^n)$$
$$Z=G(X,Q^n)$$
$$Q^{n+1}=H(Z,Q^n)$$

它们依次为输出方程、状态方程和存储电路的驱动方程。由逻辑表达式可见电路的输出 Y 不仅与当时的输入 X 有关,而且与存储电路的状态 Q^n 有关。

（2）状态转换真值表。

状态转换真值表反映了时序逻辑电路的输出 Y、次态 Q^{n+1} 与其输入 X、现态 Q^n 的对应关系,又称为状态转换表。状态转换真值表可由逻辑表达式得到。

（3）状态转换图。

状态转换图又称为状态图,是状态转换真值表的图形表示,它反映了时序逻辑电路状态的转换与输入、输出取值的规律。

(4) 波形图。

波形图又称为时序图,是在时钟脉冲序列 CP 的作用下,电路的状态、输出随时间变化的波形。应用波形图,便于通过实验的方法检查时序逻辑电路的逻辑功能。

3. 时序逻辑电路的分类

(1) 时序逻辑电路按存储电路中的触发器是否同时动作,分为同步时序逻辑电路和异步时序逻辑电路两种。在同步时序逻辑电路中,所有的触发器都由同一个时钟脉冲 CP 控制,状态变化同时进行;而在异步时序逻辑电路中,各触发器没有统一的时钟脉冲信号,状态变化不是同时发生的,而是有先有后。

(2) 时序逻辑电路按照输出信号的不同,分为米利(Mealy)型电路和莫尔(Moore)型电路两种。在米利型电路中,某时刻的输出信号是该时刻的输入信号和电路状态的函数;在莫尔型电路中,某时刻的输出信号仅是该时刻电路状态的函数,与该时刻的输入信号无关,如同步计数器等。

任务实施

1. 时序逻辑电路的分析

分析时序逻辑电路的过程就是找出给定时序逻辑电路的逻辑功能和工作特点的过程。分析同步时序逻辑电路时可不考虑时钟,分析步骤如下:

① 根据给定电路写出其时钟方程、驱动方程、输出方程。

② 将各触发器的驱动方程代入相应触发器的特性方程,得出与电路相一致的状态方程。

③ 进行状态计算。把电路的输入和现态各种可能取值组合代入状态方程和输出方程进行计算,得到相应的次态和输出。

④ 列状态转换表。画状态图或时序图。

⑤ 用文字描述电路的逻辑功能。

2. 分析举例

【例 4.1】 分析图 4.2 所示同步时序逻辑电路的逻辑功能。

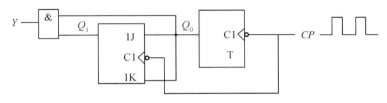

图 4.2 例 4.1 的逻辑电路

解 该时序电路的存储电路由一个主从 JK 触发器和一个 T 触发器构成,受统一的时钟 CP 控制,为同步时序逻辑电路。T 触发器 T 端悬空,相当于置 1。

(1) 列逻辑表达式。

输出方程及触发器的驱动方程分别为

$$Y = Q_0^n \cdot Q_1^n$$
$$T = 1, \quad J = K = Q_0^n$$

将驱动方程代入 T 触发器和 JK 触发器的特性方程,得电路的状态方程为

$$Q_0^{n+1} = \bar{Q}_0^n$$

$$Q_1^{n+1} = Q_0^n \bar{Q}_1^n + \bar{Q}_0^n Q_1^n$$

(2) 列状态转换表。

设初始状态 $Q_1Q_0=00$,代入输出方程得到 $Y=0$。在第一个时钟 CP 下降沿到来时,由状态方程计算出次态 $Q_0^{n+1}=\bar{Q}_0^n=\bar{0}=1$、$Q_1^{n+1}=0$;再以得到的次态作为新的初态代入状态方程得到下一个次态。依次类推,便可得到表 4.1 的状态转换表。

表 4.1 例 4.1 的状态转换表

现态		次态		输出
Q_1^n	Q_0^n	Q_1^{n+1}	Q_0^{n+1}	Y
0	0	0	1	0
0	1	1	0	0
1	0	1	1	0
1	1	0	0	1

(3) 画状态转换图和波形图。

状态转换图和波形图如图 4.3 所示。

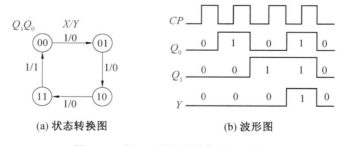

(a) 状态转换图　　　　　　(b) 波形图

图 4.3　例 4.1 的状态转换图和波形图

(4) 电路的逻辑功能。

由以上分析可知,此电路是一个 2 位二进制计数器。每出现一个时钟脉冲 CP,Q_1Q_0 的值就按二进制数加法法则加 1,当 4 个时钟脉冲作用后,又恢复到初态;而每经过这样一个周期性变化,电路就输出一个高电平。

【例 4.2】　分析图 4.4 所示异步时序逻辑电路的逻辑功能。

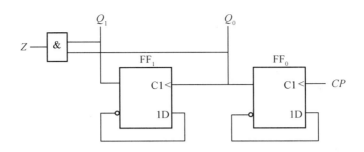

图 4.4　例 4.2 的逻辑电路

解　由于在异步时序逻辑电路中没有统一的时钟脉冲,因此,分析时必须写出时钟方程。

① 列逻辑表达式。

时钟方程:

$CP_0 = CP$（时钟脉冲的上升沿触发）

$CP_1 = Q_0$（当 FF_0 的 Q_0 由 0 变为 1 时,Q_1 才可能改变状态,否则 Q_1 将保持原状态不变）

输出方程及触发器的驱动方程分别为

$$Z = \bar{Q}_1^n \cdot \bar{Q}_0^n$$

$$D_0 = \bar{Q}_0^n, \quad D_1 = \bar{Q}_1^n$$

② 将驱动方程代入 D 触发器的特性方程,得电路的状态方程为

$$Q_0^{n+1} = D_0 = \bar{Q}_0^n$$

$$Q_1^{n+1} = D_1 = \bar{Q}_1^n$$

③ 列状态转换表。

表 4.2　例 4.2 的状态转换表

现态		次态		输出
Q_1^n	Q_0^n	Q_1^{n+1}	Q_0^{n+1}	Z
0	0	1	1	1
1	1	0	0	0
1	0	0	1	0
0	1	1	0	0

④ 根据状态转换表可得状态转换图与波形图如图 4.5 所示。

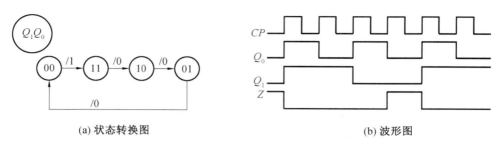

(a) 状态转换图　　　　　　　　　(b) 波形图

图 4.5　例 4.2 的状态转换图和波形图

⑤ 逻辑功能分析。

由状态转换图可知:该电路一共有 4 个状态 00、01、10、11,在时钟脉冲作用下,按照减规律循环变化,所以其是一个四进制减法计数器,Z 是借位信号。

任务总结

本任务学习了时序逻辑电路的组成与分类、时序逻辑电路逻辑功能的描述方法,以及时序逻辑电路的分析步骤。时序逻辑电路由组合逻辑电路和存储电路两部分组成,其逻辑功能的描述方法主要有逻辑表达式、状态转换真值表、状态转换图和波形图。按存储电路中的触发器是否同时动作分类,时序逻辑电路可分为同步时序逻辑电路和异步时序逻辑电路两种;按照输出信号的不同分类,时序逻辑电路可分为米利型电路和莫尔型电路两种。

任务测试

一、判断题(18 分,正确打 √,错误打 ×)

1. 时序逻辑电路中必须包含存储电路,但存储电路的输出不一定反馈到输入端。(　　)
2. 在异步时序逻辑电路中,状态变化是同时发生的。(　　)
3. 在莫尔型电路中,某时刻的输出信号与该时刻的输入信号无关。(　　)

二、填空题(30 分)

1. 时序逻辑电路由_____和_____两部分组成。
2. 时序逻辑电路按存储电路中的触发器是否同时动作分类,可分为_____和_____两种;按照输出信号的不同分类,可分为_____和_____两种。

三、简答题(52 分)

1. 时序逻辑电路的概念。
2. 时序逻辑电路逻辑功能的描述方法。
3. 时序逻辑电路的分析步骤。

任务评价

本学习项目的考评点、各考评点在本学习项目中所占分值比、各考评点评价方式及评价标准见表4.3。

表 4.3 时序逻辑电路评价表

序号	考评点	占分值比	评价方式	评价标准 优	评价标准 良	评价标准 及格
一	判断题（18分）	15%	互评+教师评价	概念清晰，三题全对	概念较为清晰，三题对两题	概念基本清晰，三题对一题
二	填空题（30分）	25%	互评+教师评价	知识点清晰，六个空全对	知识点较为清晰，六个空对五个	知识点基本清晰，六个空对四个
三	简答题（52分）	45%	互评+教师评价	分析步骤完全正确	分析步骤几乎完全正确	分析步骤基本正确
四 项目公共考核点	学习态度（57%）	8.5%	教师评价	学习积极性高，虚心好学	学习积极性较高	没有厌学现象
	交流及表达能力（23%）	3.5%	互评+教师评价	能用专业语言正确、流利地阐述项目	能用专业语言正确、较为流利地阐述项目	能用专业语言基本正确地阐述项目，无重大失误
	组织协调能力（20%）	3.0%	互评+教师评价	能根据工作任务，对资源进行合理分配，同时正确控制、激励和协调小组活动过程	能根据工作任务，对资源进行较合理分配，同时较正确控制、激励和协调小组活动过程	能根据工作任务，对资源进行分配，同时较正确控制、激励和协调小组活动过程，无重大失误

任务 4.2　基本 RS 触发器

任务导入

本任务将要学习触发器的组成、分类和5种功能描述方法，以及基本RS触发器电路的组成、工作原理与逻辑功能，并了解触发器的翻转和触发脉冲的相关概念。

任务目标

(1)熟练掌握基本RS触发器的组成和工作原理。

(2) 熟练掌握基本 RS 触发器的逻辑功能与测试方法。

知识链接

1. 触发器概述

触发器是一种具有记忆功能并且状态能在触发脉冲作用下迅速翻转的逻辑电路。触发器是构成时序逻辑电路的基本单元,具有数码的记忆功能,即能够保存1位二进制的2个数码1和0。

(1) 按结构不同分类。

按结构不同分类,触发器可以分成:

① 置位、复位触发器(基本 RS 触发器、同步 RS 触发器)。

② 主从型触发器(由主触发器和从触发器构成)。

③ 边沿型触发器(上升沿触发、下降沿触发和利用传输延时的边沿触发器)。

(2) 按功能不同分类。

按功能不同分类,触发器可以分成 RS 型触发器、JK 型触发器、D 型触发器和 T 型(含 T′型)触发器。

(3) 按器件分类。

按器件分类,触发器可分成 TTL 型触发器和 CMOS 型触发器。

(4) 按逻辑功能的不同特点分类。

按逻辑功能的不同特点分类,触发器可分成 RS 触发器、JK 触发器、D 触发器和 T 触发器等几种类型。触发器输出端状态和输入激励信号之间的关系称为触发器的逻辑功能。

描述触发器的功能通常有以下5种不同的方式,又称为5种功能描述方法:

① 特性表(功能表)。以表格形式描述触发器的逻辑功能,输入(激励)和输出可用逻辑值0或1表示,也可用逻辑电平高(H)或低(L)表示。

② 特性方程(特征方程)。以表达式形式描述触发器的逻辑功能,但特征方程的两边表示的时间是不一致的。

③ 状态转换图(状态图)。以图形形式描述触发器状态转换的激励条件。

④ 激励表。以表格形式描述触发器状态转换的激励条件。

⑤ 时序图。以时序波形形式描述触发器在相应激励下状态转换的过程。

这些描述方法与组合逻辑电路的逻辑功能描述方法是相似的,基于时序电路的特殊情况而又有所不同。比如真值表在这里称为特性表或功能表;描述门电路或组合逻辑电路输入、输出关系的是电路的逻辑函数,在这里称为触发器的特性方程,以便和逻辑函数相区别;状态转换图反映的是时序电路状态转换规律及相应输入、输出取值关系的图形;激励表的功能与状态图是一致的,只是表示形式不同;时序图是时序电路的工作波形,能直观地描述时序电路的输入信号、时钟信号、输出信号及电路的状态转换在时间上的对应关系。

2. 电路组成

从结构上分,RS 触发器可分为基本 RS 触发器、同步 RS 触发器和主从 RS 触发器。不同结构的触发器状态变化的时间不同。基本 RS 触发器的输出直接由 R、S 的状态决定,原状态 Q^n 是 R、S 变化前的触发器状态,次状态 Q^{n+1} 是 R、S 变化后的触发器状态,即按输入 R、S 信号变化划分原状态和次状态。

将 2 个集成与非门的输出端和输入端交叉反馈相接,就组成了基本 RS 触发器。基本 RS 触发器如图 4.6 所示。

基本 RS 触发器有:2 个与非门 G_1、G_2;2 个输入端 $\bar{R}_D$、$\bar{S}_D$;2 个输出端 Q、$\bar{Q}$,Q 和 $\bar{Q}$ 逻辑状态是互补的。

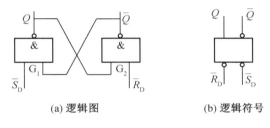

图 4.6　基本 RS 触发器的逻辑图和逻辑符号

3. 工作原理

Q 端的状态为触发器的状态。

工作状态:$Q=0$、$\bar{Q}=1$ 时触发器处于 0 态(稳定状态);$Q=1$、$\bar{Q}=0$ 时触发器处于 1 态(稳定状态)。

任务实施

1. 逻辑功能

(1)逻辑符号。

基本 RS 触发器的逻辑符号如图 4.6(b)所示。

(2)基本 RS 触发器的逻辑功能。

① 当 $\bar{R}_D=0$、$\bar{S}_D=1$ 时,$Q=0(\bar{Q}=1)$。

② 当 $\bar{R}_D=1$、$\bar{S}_D=0$ 时,$Q=1(\bar{Q}=0)$。

③ 当 $\bar{R}_D=1$、$\bar{S}_D=1$ 时,Q 不变($\bar{Q}$ 不变)。

④ 当 $\bar{R}_D=0$、$\bar{S}_D=0$ 时,Q 不定($\bar{Q}$ 不定);这是不允许出现的情况。

2. 真值表

表 4.4 给出了基本 RS 触发器真值表。

表 4.4　基本 RS 触发器真值表

$\bar{R}_D$	$\bar{S}_D$	Q
0	1	0
1	0	1
1	1	保持
0	0	不定(禁用)

$\bar{R}_D$ 为置 0 端、$\bar{S}_D$ 为置 1 端,均由负脉冲触发;符号 R_D、S_D 上加了非号,表示低电平有效。

触发器的翻转:触发器状态在外加信号作用下状态转换的过程。

触发脉冲:能使触发器发生翻转的外加信号。

任务总结

本任务学习了触发器的组成、分类及 5 种功能描述方法,还学习了基本 RS 触发器电路的组成、工作原理与逻辑功能,并了解了触发器的翻转和触发脉冲的相关概念。从结构上分,RS 触发器可分为基本 RS 触发器、同步 RS 触发器和主从 RS 触发器。不同结构的触发器状态变化的时间不同。基本 RS 触发器的输出直接由 R、S 的状态决定,原状态 Q^n 是 R、S 变化前的触发器状态,次状态 Q^{n+1} 是 R、S 变化后的触发器状态,即按输入 R、S 信号变化划分原状态和次状态。

任务测试

一、判断题(18 分,正确打 √,错误打 ×)

1. 基本 RS 触发器的输出直接由 R、S 的状态决定。(　　)
2. 触发器是构成时序逻辑电路的基本单元电路,不具有数码的记忆功能。(　　)
3. 状态转换图是反映时序逻辑电路状态转换规律及相应输入、输出取值关系的图形。(　　)

二、填空题(30 分)

1. 触发器按器件可分为_____和_____型两种。
2. 从结构上分,RS 触发器可分为_____、_____和_____。

三、简答题(52 分)

1. 触发器的概念。
2. 描述触发器的功能的 5 种方式。
3. 触发器翻转和触发脉冲的概念。

任务评价

本学习项目的考评点、各考评点在本学习项目中所占分值比、各考评点评价方式及评价标准见表 4.5。

表 4.5 基本 RS 触发器评价表

序号	考评点	占分值比	评价方式	评价标准		
				优	良	及格
一	判断题（18分）	15%	互评+教师评价	概念清晰，三题全对	概念较为清晰，三题对两题	概念基本清晰，三题对一题
二	填空题（30分）	25%	互评+教师评价	知识点清晰，五个空全对	知识点较为清晰，五个空对四个	知识点基本清晰，五个空对三个
三	简答题（52分）	45%	互评+教师评价	分析步骤完全正确	分析步骤几乎完全正确	分析步骤基本正确
四 项目公共考核点	学习态度（57%）	8.5%	教师评价	学习积极性高，虚心好学	学习积极性较高	没有厌学现象
	交流及表达能力（23%）	3.5%	互评+教师评价	能用专业语言正确、流利地阐述项目	能用专业语言正确、较为流利地阐述项目	能用专业语言基本正确地阐述项目，无重大失误
	组织协调能力（20%）	3.0%	互评+教师评价	能根据工作任务，对资源进行合理分配，同时正确控制、激励和协调小组活动过程	能根据工作任务，对资源进行较合理分配，同时较正确控制、激励和协调小组活动过程	能根据工作任务，对资源进行分配，同时较正确控制、激励和协调小组活动过程，无重大失误

任务 4.3　同步 RS 触发器和主从 RS 触发器

任务导入

本任务将要学习同步 RS 触发器和主从 RS 触发器的相关概念、组成和逻辑功能真值表，以及空翻现象及其避免措施。

任务目标

（1）熟练掌握同步 RS 触发器的概念与组成。
（2）熟练掌握同步 RS 触发器的逻辑功能与测试方法。
（3）熟练掌握主从 RS 触发器的概念与组成。
（4）熟练掌握主从 RS 触发器的逻辑功能与测试方法。

知识链接

1. 同步 RS 触发器

同步 RS 触发器是由一时钟脉冲信号 CP 控制的 RS 触发器。当要求触发器状态不是单纯地受 R、S 端信号控制，还要求按一定时间节拍把 R、S 端的状态反映到输出端时，就必须再增加一个控制端，只有控制端出现脉冲信号时，触发器才动作；至于触发器输出变到什么状态，仍然由 R、S 端的高低电平来决定，采用这种触发方式的触发器，称为同步 RS 触发器，如图 4.7 所示，其中图 4.7(a) 为由与或非门构成的同步 RS 触发器的电路结构，图 4.7(b) 为由与非门构成的同步 RS 触发器的电路结构。

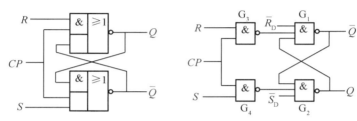

(a) 与或非门同步RS触发器电路结构　　(b) 与非门同步RS触发器电路结构

图 4.7　同步 RS 触发器电路结构

分析图 4.7(b)，其中 G_1、G_2 门构成基本 RS 触发器，G_3、G_4 门组成控制电路，CP 是控制脉冲。所谓同步就是触发器状态的改变与时钟脉冲同步。当 $CP=0$ 时，G_3、G_4 门被封锁，R、S 信号不能通过，G_3、G_4 门输出均为高电平，触发器输出保持原来状态；当 $CP=1$ 时，R、S 信号才能通过 G_3、G_4 门从而影响到输出。$\overline{S}_D$ 为直接置 1 端，$\overline{R}_D$ 为直接置 0 端，它们的电平可以不受 CP 信号的控制而直接影响到触发器的输出。

2. 主从 RS 触发器

同步 RS 触发器在 $CP=1$ 期间接收 R、S 信号，若 $CP=1$ 期间 R、S 信号发生变化，则 Q 端状态会发生多次翻转，这种现象称为空翻，在某些场合会造成逻辑混乱。为克服空翻现象，引入主从结构的触发器。图 4.8(a) 为主从 RS 触发器逻辑图，图 4.8(b) 为逻辑符号。

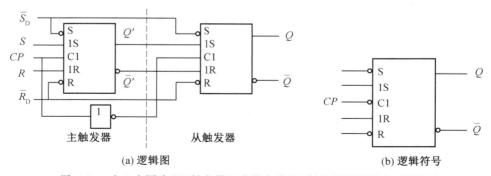

(a) 逻辑图　　　　　　　　　　　　(b) 逻辑符号

图 4.8　由 2 个同步 RS 触发器组成的主从 RS 触发器逻辑图和逻辑符号

由图可见,主从 RS 触发器分别由 2 个互补的时钟脉冲信号控制 2 个同步 RS 触发器,在 $CP=0$ 时,主触发器封锁、从触发器打开,主触发器的状态决定从触发器的状态。由于 $CP=0$,主触发器封锁,所以 R、S 信号的变化不能直接影响到输出。在 $CP=1$ 时,主触发器打开、从触发器封锁,Q 维持不变,R、S 信号决定主触发器的状态。因此无论 CP 为高电平还是低电平,主、从触发器总是一个打开,另一个封锁,R、S 信号的变化不可能直接影响输出状态,从而避免了空翻现象。

任务实施

1. 同步 RS 触发器

利用基本 RS 触发器的真值表,可得同步 RS 触发器的功能表,见表 4.6。因为有 CP 脉冲的加入,要考虑 CP 脉冲作用前后 Q 端的状态,所以将 CP 脉冲作用前 Q 端的状态用 Q^n 表示,称为触发器的原状态;CP 脉冲作用后 Q 端的状态用 Q^{n+1} 表示,称为触发器的次状态。将这种考虑了 CP 脉冲作用前后 Q 端状态的表格称为特性表或功能表。

表 4.6 同步 RS 触发器功能表

S	R	Q^n	Q^{n+1}
0	0	0	0
0	0	1	1
0	1	0	0
0	1	1	0
1	0	0	1
1	0	1	1
1	1	0	×
1	1	1	×

同步 RS 触发器的逻辑符号如图 4.9(a) 和图 4.9(b) 所示,图 4.9(a) 为惯用逻辑符号,图 4.9(b) 为标准逻辑符号。在标准逻辑符号中,为了表示时钟输入对激励输入(R、S)的控制作用,时钟端用控制字符 C 加标记序号 1 表示,置位端 S 前加标记序号 1 写成 1S,同理复位端写成 1R,表示其是受 C1 控制的置位、复位端。图 4.9(b) 中 R 和 S 的前面没有标记序号,表示其是不受时钟控制的置位、复位端,也称其为异步置位端和异步复位端。

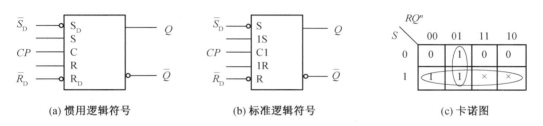

(a) 惯用逻辑符号　　(b) 标准逻辑符号　　(c) 卡诺图

图 4.9 同步 RS 触发器的逻辑符号和卡诺图

根据表4.6和图4.9(c),可得到同步RS触发器的特征方程

$$Q^{n+1} = S + \bar{R}Q^n$$
$$SR = 0(约束条件)$$

特征(特性)方程同样描述了RS触发器的逻辑功能。将R、S的不同状态代入特征方程可得:$SR=00$,$Q^{n+1}=Q^n$,触发器状态不变;$SR=10$,$Q^{n+1}=1$,触发器置位;$SR=01$,$Q^{n+1}=0$,触发器复位;$SR=11$不满足约束条件,这是一种禁止输入状态。由图4.9可见,$CP=1$时输出端不互补,既不是0状态,也不是1状态;CP变为0时,钟控门(G_3、G_4)输出同时变为1,触发器状态不确定。根据分析,可得表4.7所示的RS触发器简化功能表。比较表4.4和表4.7可以发现,用$\bar{R}$替代R_D,$\bar{S}$替代S_D,Q^{n+1}替代Q,它们实质上是相同的。

表4.7 RS触发器简化功能表

S	R	Q^{n+1}
0	0	Q^n
0	1	0
1	0	1
1	1	×

2. 主从RS触发器

主从RS触发器的功能与同步RS触发器完全相同,都是在CP的作用下将R、S端的状态反映给输出端。同步RS触发器的翻转发生在CP脉冲的上升沿。主从RS触发器由2个同步触发器组成,处CP上升沿时,主触发器翻转,从触发器封锁,Q不变;处CP下降沿时,主触发器封锁,从触发器打开,将主触发器的状态反映到Q端,所以主从触发器翻转发生在CP脉冲的下降沿,逻辑符号中时钟端C1的小圈表示了这层含义,输出端的符号表示延迟输出,即时钟$CP=1$时R、S的状态决定时钟CP下跳后触发器的状态Q。

RS触发器的次状态与激励R、S有关,也与其原状态有关,将表4.7表示的触发器状态转换关系用图形表示,得图4.10所示的状态转换图。

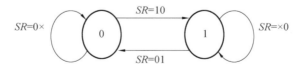

图4.10 RS触发器状态转换图

任务总结

本任务学习了同步RS触发器和主从RS触发器的概念、组成和逻辑功能真值表。同步RS触发器是由一时钟脉冲信号CP控制的RS触发器。所谓同步就是触发器状态的改变与时钟脉冲同步。因有CP脉冲的加入,要考虑CP脉冲作用前后Q端的状态,故将CP脉冲作用前Q端的状态用Q^n表示,称为触发器的原状态;CP脉冲作用后Q端的状态用

Q^{n+1} 表示,称为触发器的次状态。考虑了 CP 脉冲作用前后 Q 端状态的表格称为特性表或功能表。同步 RS 触发器在 $CP=1$ 期间接收 R、S 信号,若 $CP=1$ 期间 R、S 信号发生变化,则 Q 端状态会发生多次翻转,这种现象称为空翻。RS 触发器的次状态与激励 R、S 有关,也与其原状态有关。

任务测试

一、判断题(18 分,正确打 √,错误打 ×)

1. 同步 RS 触发器的"同步"是指触发器状态的改变与时钟脉冲同步。(   )
2. 主从 RS 触发器由 2 个同步触发器组成。(   )
3. 特征(特性)方程不能描述 RS 触发器的逻辑功能。(   )

二、填空题(12 分)

1. 同步 RS 触发器在 $CP=1$ 期间接收 R、S 信号,若 $CP=1$ 期间 R、S 信号发生变化,则 Q 端状态会发生多次翻转,这种现象称为_____。
2. 考虑了 CP 脉冲作用前后 Q 端状态的表格称为_____。

三、简答题(70 分)

1. 同步 RS 触发器的概念。
2. 主从 RS 触发器的概念。
3. 如何避免空翻?
4. 触发器的原状态和触发器的次状态的概念。

任务评价

本学习项目的考评点、各考评点在本学习项目中所占分值比、各考评点评价方式及评价标准见表 4.8。

表 4.8　同步 RS 触发器和主从 RS 触发器评价表

序号	考评点	占分值比	评价方式	评价标准		
				优	良	及格
一	判断题(18 分)	15.3%	互评+教师评价	概念清晰,三题全对	概念较为清晰,三题对两题	概念基本清晰,三题对一题
二	填空题(12 分)	10.2%	互评+教师评价	知识点清晰,两个空全对	知识点较为清晰,两个空对一个	知识点基本清晰,两个空对一个
三	简答题(70 分)	59.5%	互评+教师评价	分析步骤完全正确	分析步骤几乎完全正确	分析步骤基本正确

续表4.8

序号		考评点	占分值比	评价方式	评价标准		
					优	良	及格
四	项目公共考核点	学习态度（57%）	8.5%	教师评价	学习积极性高,虚心好学	学习积极性较高	没有厌学现象
		交流及表达能力（23%）	3.5%	互评＋教师评价	能用专业语言正确、流利地阐述项目	能用专业语言正确、较为流利地阐述项目	能用专业语言基本正确地阐述项目,无重大失误
		组织协调能力（20%）	3.0%	互评＋教师评价	能根据工作任务,对资源进行合理分配,同时正确控制、激励和协调小组活动过程	能根据工作任务,对资源进行较合理分配,同时较正确控制、激励和协调小组活动过程	能根据工作任务,对资源进行分配,同时较正确控制、激励和协调小组活动过程,无重大失误

任务 4.4　JK 触发器

任务导入

本任务将要学习 JK 触发器的概念和组成,并对其功能进行分析,以及学习主从 JK 触发器的 2 个重要动作特点和一次变化问题处理方法。

任务目标

(1) 熟练掌握 JK 触发器的概念与组成。
(2) 熟练掌握 JK 触发器的逻辑功能与测试方法。

知识链接

JK 触发器是一种功能较完善、应用很广泛的双稳态触发器。图 4.11 是主从 JK 触发器及其逻辑符号。它由 2 个可控 RS 触发器串联而成,这 2 个 RS 触发器分别称为主触发器和从触发器。J 和 K 是信号输入端。时钟 CP 控制主触发器和从触发器的翻转。

功能分析

由 RS 触发器真值表(表 4.6)可知当 $R=S=1$ 时,触发器输出状态不定,须避免使用,这给使用带来了不便,为此引入 JK 触发器,可在电路设计上避免这种情况。

J 和 K 是信号输入端,是触发器状态更新的依据,若 J、K 有 2 个或 2 个以上输入端时,组成"与"的关系。Q 与 $\bar{Q}$ 为两个互补输出端。通常把将 $J=0$、$K=1$ 的状态定为触发器 0 状态,而把 $J=1$、$K=0$ 的状态定为触发器 1 状态。JK 触发器常被用作缓冲存储器、移位寄存器和计数器。

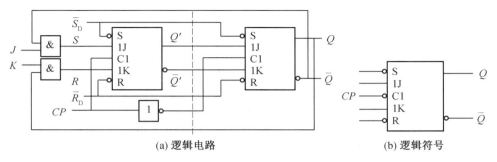

图 4.11 主从 JK 触发器及其逻辑符号

当 $CP=0$ 时,主触发器状态不变,从触发器状态与主触发器状态相同。

当 $CP=1$ 时,输入 J、K 影响主触发器,而从触发器状态不变。当 CP 从 1 变成 0 时,主触发器的状态传送到从触发器,即主从触发器是在 CP 下降沿到来时才使触发器翻转的。

下面分 4 种情况来分析主从 JK 触发器的逻辑功能。

(1) $J=1$,$K=1$。

设时钟脉冲到来之前($CP=0$)触发器的初始状态为 0。这时主触发器的 $R=K$、$Q=0$,$S=J$,$\bar{Q}=1$;时钟脉冲到来后($CP=1$),主触发器翻转成 1 态。当 CP 从 1 下跳为 0 时,主触发器状态不变,从触发器的 $R=0$、$S=1$,它也翻转成 1 态。反之,设触发器的初始状态为 1,可以用同样的方法分析,主、从触发器都翻转成 0 态。

可见,JK 触发器在 $J=1$、$K=1$ 的情况下,有一个时钟脉冲到来就翻转一次,即具有计数功能。

(2) $J=0$,$K=0$。

设触发器的初始状态为 0,当 $CP=1$ 时,主触发器的 $R=0$、$S=0$,它的状态不变。当 CP 下跳时,从触发器的 $R=1$、$S=0$,它的输出为 0 态,即触发器保持 0 态不变。如果初始状态为 1,则触发器亦保持 1 态不变。

(3) $J=1$,$K=0$。

设触发器的初始状态为 0,当 $CP=1$ 时,主触发器的 $R=0$、$S=1$,它翻转成 1 态;当 CP 下跳时,从触发器的 $R=0$、$S=1$,也翻转成 1 态。设触发器的初始状态为 1,当 $CP=1$ 时,主触发器的 $R=0$、$S=0$,它保持 1 态不变;在 CP 从 1 下跳为 0 时,从触发器的 $R=0$、$S=1$,也保持 1 态不变。

(4) $J=0$,$K=1$。

设触发器的初始状态为 1 态,当 $CP=1$ 时,主触发器的 $R=1$、$S=0$,它翻转成 0 态。当 CP 下跳时,从触发器也翻转成 0 态。设触发器的初始状态为 0 态,当 $CP=1$ 时,主触发器的 $R=0$、$S=0$,它保持 0 态不变;在 CP 从 1 下跳为 0 时,从触发器的 $R=1$、$S=0$,也保持 0 态不变。

考虑到 RS 触发器的 Q 和 $\bar{Q}$ 互补的特点,将输出 Q 和 $\bar{Q}$ 反馈到输入端,用 2 个与门使加到 R 端和 S 端的信号不能同时为 1,从而满足 RS 触发器的约束条件。为区别于原来的

RS 触发器,将原图中的 R 用 K 表示、S 用 J 表示,如图 4.11(a) 所示。这种改接后的电路称为主从 JK 触发器,其逻辑符号如图 4.11(b) 所示。

任务实施

1. 逻辑功能表

根据主从 RS 触发器的功能表和简化功能表,通过对照,就可获得主从 JK 触发器的功能表和简化功能表,见表 4.9 和表 4.10。在画 JK 触发器工作波形及分析 JK 触发器组成的时序逻辑电路时,要求熟记其特性表或其特征方程。

JK 触发器的状态转换图如图 4.12(a) 所示。图 4.12(b) 给出了负边沿 JK 触发器的逻辑符号,方框中小三角表示边沿触发器。这也是一种在时钟下降沿才能改变状态的触发器,但和主从 JK 触发器有所区别,该触发器 CP 下跳后的次状态由 CP 下跳前一刻的输入 J 和 K 决定;而主从 JK 触发器次状态由 $CP=1$ 期间的 J 和 K 决定。时钟前沿变化的边沿 JK 触发器逻辑符号中时钟端没有小圈。

表 4.9 JK 触发器功能表

J	K	Q^n	Q^{n+1}	说明
0	0	0	0	保持
0	0	1	1	保持
0	1	0	0	置0
0	1	1	0	置0
1	0	0	1	置1
1	0	1	1	置1
1	1	0	1	翻转
1	1	1	0	翻转

表 4.10 JK 触发器简化功能表

J	K	Q^{n+1}
0	0	Q^n
0	1	0
1	0	1
1	1	$\overline{Q}^n$

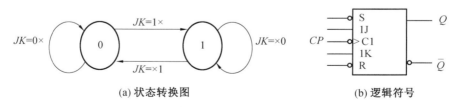

(a) 状态转换图   (b) 逻辑符号

图 4.12 JK 触发器状态转换图和负边沿 JK 触发器逻辑符号

由功能表可得 JK 触发器特征方程(又称次态方程)
$$Q^{n+1} = J\bar{Q}^n + \bar{K}Q^n$$

从结构上分,JK 触发器可分为主从 JK 触发器和边沿 JK 触发器。主从 JK 触发器只能在 CP 脉冲的下降沿触发;而边沿 JK 触发器既可以在 CP 脉冲的下降沿触发,也可以在 CP 脉冲的上升沿触发。相对于边沿 JK 触发器,主从 JK 触发器的抗干扰能力更差,且存在一次变化问题。

2. 主从 JK 触发器的一次变化问题

主从 JK 触发器有 2 个重要的动作特点:
(1) 触发器状态的转换分两步进行。第一步,在 $CP=1$ 期间主触发器接收输入激励信号;第二步,当 CP 下降沿到来时,从触发器接收主触发器的激励进行转换。
(2) 在 $CP=1$ 期间,输入激励信号都将对主触发器起控制作用,这就要求在 $CP=1$ 期间输入的激励信号不能发生突变,否则就不能再用通常给出的动作特性的规律来决定触发器的状态。输入激励信号在 $CP=1$ 期间的变化统称为干扰,对于干扰必须考虑在 $CP=1$ 期间输入激励信号的整个变化过程后才能确定触发器状态如何转换。

就主从 JK 触发器而言,经分析可按下述方法处理这一类干扰:
(1) 在 $CP=1$ 期间,若输入激励信号出现负向干扰,则这一干扰对触发器的状态转换不起作用。也就是说,当 CP 信号下降沿到来时,触发器状态转换由负向干扰之前的输入激励信号决定。
(2) 在 $CP=1$ 期间,若输入激励信号中 J 信号上出现正向干扰,且此时触发器状态处于 0 态,则这一干扰将起激励作用。也就是说,当 CP 信号下降沿到来时,触发器状态转换应取 $J=1$,再视 K 值决定。

在 $CP=1$ 期间,若输入激励信号中 K 信号上出现正向干扰,且此时触发器状态处于 1 态,则这一干扰也将起激励作用。也就是说,当 CP 信号下降沿到来时,触发器状态转换应取 $K=1$,再视 J 值决定。

任务总结

本任务学习了 JK 触发器的概念、组成,并对其功能进行了分析,还学习了主从 JK 触发器的 2 个重要动作特点和一次变化问题处理方法。主从 JK 触发器由 2 个可控 RS 触发器串联而成,这 2 个可控 RS 触发器分别称为主触发器和从触发器。J 和 K 是信号输入端,时钟 CP 控制主触发器和从触发器的翻转。从结构上分,JK 触发器可分为主从 JK 触发器和边沿 JK 触发器。主从 JK 触发器只能在 CP 脉冲的下降沿触发;而边沿 JK 触发器既可以在 CP 脉冲的下降沿触发,也可以在上升沿触发。相对于边沿 JK 触发器,主从 JK 触发器的抗干扰能力更差,且存在一次变化问题。

任务测试

一、判断题(18 分,正确打 √,错误打 ×)

1. 时钟 CP 脉冲控制主触发器和从触发器的翻转。(　　)

2. 当 $CP=1$ 时,输入 J、K 影响主触发器,而从触发器状态不变。(　　)
3. 主从 JK 触发器既可以在 CP 脉冲的下降沿触发,也可以在 CP 脉冲的上升沿触发。(　　)

二、填空题(12 分)

1. 从结构上分,JK 触发器可分为_____和_____。
2. 主从 JK 触发器由 2 个可控 RS 触发器_____组成。

三、简答题(70 分)

1. 阐述主从 JK 触发器的逻辑功能。
2. 主从 JK 触发器有 2 个重要的动作特点,分别是什么?
3. 如何解决主从 JK 触发器的一次变化问题?

任务评价

本学习项目的考评点、各考评点在本学习项目中所占分值比、各考评点评价方式及评价标准见表 4.11。

表 4.11　JK 触发器评价表

序号	考评点	占分值比	评价方式	评价标准		
				优	良	及格
一	判断题(18 分)	15.3%	互评+教师评价	概念清晰,三题全对	概念较为清晰,三题对两题	概念基本清晰,三题对一题
二	填空题(12 分)	10.2%	互评+教师评价	知识点清晰,三个空全对	知识点较为清晰,三个空对两个	知识点基本清晰,三个空对两个
三	简答题(70 分)	59.5%	互评+教师评价	分析步骤完全正确	分析步骤几乎完全正确	分析步骤基本正确
四	项目公共考核点	学习态度(57%)	8.5%	教师评价	学习积极性高,虚心好学	学习积极性较高	没有厌学现象
		交流及表达能力(23%)	3.5%	互评+教师评价	能用专业语言正确、流利地阐述项目	能用专业语言正确、较为流利地阐述项目	能用专业语言基本正确地阐述项目,无重大失误
		组织协调能力(20%)	3.0%	互评+教师评价	能根据工作任务,对资源进行合理分配,同时正确控制、激励和协调小组活动过程	能根据工作任务,对资源进行较合理分配,同时较正确控制、激励和协调小组活动过程	能根据工作任务,对资源进行分配,同时较正确控制、激励和协调小组活动过程,无重大失误

任务 4.5 D 触发器

任务导入

主从 JK 触发器是在 CP 脉冲高电平期间接收信号的，如果在 CP 脉冲高电平期间输入端出现干扰信号，就有可能导致触发器产生与逻辑功能表不符的错误状态。为有效解决该问题，本任务将要学习边沿 D 触发器的概念、组成和工作原理，并对典型 D 触发器——三态同相八 D 锁存器 74LS373 进行功能分析。

任务目标

（1）熟练掌握 D 触发器的概念、组成和工作原理。
（2）熟练掌握 D 触发器的逻辑功能与测试方法。
（3）熟练掌握三态同相八 D 锁存器 74LS373 的逻辑功能。

知识链接

1. 结构组成

主从 JK 触发器是在 CP 脉冲高电平期间接收信号的，如果在 CP 脉冲高电平期间输入端出现干扰信号，就有可能导致触发器产生与逻辑功能表不符的错误状态。边沿触发器的电路结构可使触发器在 CP 脉冲有效触发沿到来前一瞬间接收信号，在有效触发沿到来后产生状态转换，这种电路结构的触发器大大提高了抗干扰能力和电路工作的可靠性。下面以维持阻塞 D 触发器为例介绍边沿触发器的工作原理。

维持阻塞 D 触发器的逻辑图和逻辑符号如图 4.13 所示。该触发器由 6 个与非门组成，其中 G_1、G_2 构成基本 RS 触发器，G_3、G_4 组成时钟控制电路，G_5、G_6 组成数据输入电路。$\overline{R}_D$ 和 $\overline{S}_D$ 分别是直接置 0 端和直接置 1 端，有效电平为低电平。分析工作原理时，设 $\overline{R}_D$ 和 $\overline{S}_D$ 均为高电平，不影响电路的工作。

2. 工作过程

（1）$CP=0$ 时，与非门 G_3 和 G_4 封锁，其输出为 1，触发器的状态不变。同时，由于 Q_3 至 G_5 的反馈信号和 Q_4 至 G_6 的反馈信号将 G_5、G_6 打开，因此可接收输入信号 D，使 $Q_6=\overline{D}$，$Q_5=\overline{Q}_6=D$。

（2）当 CP 由 0 变为 1 时，与非门 G_3 和 G_4 打开，它们的输出 Q_3 和 Q_4 的状态由 G_5 和 G_6 的输出状态决定。$Q_3=\overline{Q}_5=\overline{D}$，$Q_4=\overline{Q}_6=D$。由基本 RS 触发器的逻辑功能可知 $Q=D$。

（3）触发器翻转后，在 $CP=1$ 时输入信号被封锁。G_3 和 G_4 打开后，它们的输出 Q_3 和 Q_4 的状态是互补的，即必定有一个为 0。若 Q_4 为 0，则 G_4 输出端至 G_6 输入端的反馈线将 G_6 封锁，即封锁了 D 通往基本 RS 触发器的路径；该反馈线起到了使触发器维持在 0 状态和阻止触发器变为 1 状态的作用，故该反馈线称为置 0 维持线、置 1 阻塞线。若 Q_3 为 0，将 G_4 和 G_5 封锁，D 端通往基本 RS 触发器的路径也被封锁；G_3 输出端至 G_5 输入端的反馈线起到使触发器维持在 1 状态的作用，称为置 1 维持线；G_3 输出端至 G_4 输入端的反馈线起到阻止触发器置 0 的作用，称为置 0 阻塞线。因此，该触发器称为维持阻塞触发器。

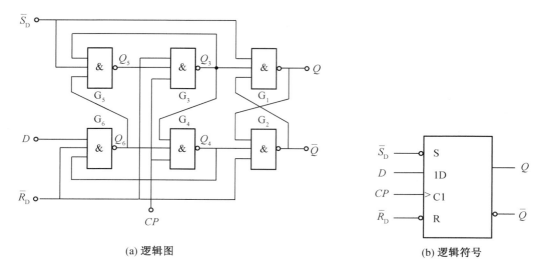

(a) 逻辑图 (b) 逻辑符号

图 4.13　维持阻塞 D 触发器逻辑图和逻辑符号

> 任务实施

1. 逻辑功能

由上述分析可知，维持阻塞 D 触发器在 CP 脉冲的上升沿产生状态变化，触发器的次态取决于 CP 脉冲上升沿到来前 D 端的信号；而在上升沿到来后，输入 D 端的信号变化对触发器的输出状态没有影响。如果在 CP 脉冲的上升沿到来前 $D=0$，则在 CP 脉冲的上升沿到来后触发器置 0；如果在 CP 脉冲的上升沿到来前 $D=1$，则在 CP 脉冲的上升沿到来后触发器置 1。维持阻塞 D 触发器的逻辑功能表见表 4.12。

表 4.12　维持阻塞 D 触发器的逻辑功能表

D	Q^{n+1}	说明
0	0	复位
1	1	置位

依据逻辑功能表可得维持阻塞 D 触发器的状态方程为

$$Q^{n+1} = D \tag{3.1}$$

【例 4.3】 已知上升沿触发的维持阻塞 D 触发器输入 D 和时钟 CP 的波形如图 4.14 所示,试画出 Q 端波形。设触发器初态为 0。

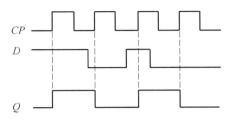

图 4.14　维持阻塞 D 触发器的波形图

解　该 D 触发器是上升沿触发,即在 CP 的上升沿过后,触发器的状态等于 CP 脉冲上升沿前 D 的状态。所以第一个 CP 过后 $Q=1$,第二个 CP 过后 $Q=0$,…,波形如图 4.14 所示。

D 触发器在 CP 上升沿到来前接收输入信号,上升沿触发翻转,即触发器的输出状态变化比输入端 D 的状态变化延迟,这就是 D 触发器的由来。

2. 典型 D 触发器

三态同相八 D 锁存器 74LS373 是典型 D 触发器,其中 8 个 D 触发器彼此独立,$\overline{OE}$ 为选通端(输出控制),低电平有效;G 为使能端(输出允许),G 为高电平时,D 信号向右传送到 Q 端;G 为低电平时,电路保持原状态不变,禁止数据传送。引脚排列图及功能表如图 4.15 和表 4.13 所示。

当然还有很多其他 D 触发器,如带公共时钟和复位的四 D 触发器 74LS175、带公共时钟和复位的八 D 触发器 74LS273、三态同相八 D 锁存器 74LS374、单边输出公共使能八 D 锁存器 74LS377 等,使用时可查阅相关资料。

表 4.13　74LS373 功能表

$\overline{OE}$(输出控制)	G(输出允许)	D	Q(输出)
L	H	H	H
L	H	L	L
L	L	×	保持
H	×	×	高阻

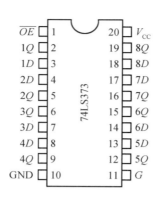

图 4.15　74LS373 引脚排列图

任务总结

本任务学习了 D 触发器的概念、组成和工作原理,并对典型 D 触发器——三态同相八 D 锁存器 74LS373 进行了功能分析。边沿触发器的电路结构可使触发器在 CP 脉冲有效触发沿到来前一瞬间接收信号,在有效触发沿到来后产生状态转换,抗干扰能力和可靠性好。反馈线起到使触发器维持在 0 状态和阻止触发器变为 1 状态的作用时,称为置 0 维持线、置 1 阻塞线。反馈线起到使触发器维持在 1 状态的作用时,称为置 1 维持线;反馈线起到阻止触发器置 0 的作用时,称为置 0 阻塞线。维持阻塞 D 触发器在 CP 脉冲的上升沿产生状态变化,触发器的次状态取决于 CP 脉冲上升沿到来前 D 端的信号,而在上升沿到来后,输入 D 端的信号变化对触发器的输出状态没有影响。

任务测试

一、判断题(18 分,正确打 √,错误打 ×)

1. 维持阻塞 D 触发器在 CP 脉冲上升沿到来后,输入 D 端的信号变化对触发器的输出状态没有影响。(　　)

2. 边沿触发器的电路结构可使触发器在 CP 脉冲有效触发沿到来前一瞬间接收信号。(　　)

3. 三态同相八 D 锁存器 74LS373 的 8 个 D 触发器彼此独立。(　　)

二、填空题(24 分)

1. 在维持阻塞 D 触发器中,使触发器维持在 0 状态的反馈线称为_____;阻止触发器变为 1 状态的反馈线称为_____。

2. 在维持阻塞 D 触发器中,使触发器维持在 1 状态的反馈线称为_____;阻止触发器变为 0 状态的反馈线称为_____。

三、简答题(58分)

1. D 触发器的概念。
2. D 触发器电路的工作过程。

任务评价

本学习项目的考评点、各考评点在本学习项目中所占分值比、各考评点评价方式及评价标准见表 4.14。

表 4.14 D 触发器评价表

序号	考评点	占分值比	评价方式	评价标准		
				优	良	及格
一	判断题(18分)	15.3%	互评＋教师评价	概念清晰,三题全对	概念较为清晰,三题对两题	概念基本清晰,三题对一题
二	填空题(24分)	20.4%	互评＋教师评价	知识点清晰,四个空全对	知识点较为清晰,四个空对三个	知识点基本清晰,四个空对两个
三	简答题(58分)	49.3%	互评＋教师评价	分析步骤完全正确	分析步骤几乎完全正确	分析步骤基本正确
四 项目公共考核点	学习态度(57%)	8.5%	教师评价	学习积极性高,虚心好学	学习积极性较高	没有厌学现象
	交流及表达能力(23%)	3.5%	互评＋教师评价	能用专业语言正确、流利地阐述项目	能用专业语言正确、较为流利地阐述项目	能用专业语言基本正确地阐述项目,无重大失误
	组织协调能力(20%)	3.0%	互评＋教师评价	能根据工作任务,对资源进行合理分配,同时正确控制、激励和协调小组活动过程	能根据工作任务,对资源进行较合理分配,同时较正确控制、激励和协调小组活动过程	能根据工作任务,对资源进行分配,同时较正确控制、激励和协调小组活动过程,无重大失误

任务 4.6 T 触发器和 T′ 触发器

任务导入

本任务将要学习 T 触发器(受控翻转型触发器)和 T′ 触发器(翻转型(计数型)触发器)的特性方程、状态转换图、逻辑符号和逻辑功能。

任务目标

(1) 熟练掌握 T 触发器的概念与组成。
(2) 熟练掌握 T 触发器的逻辑功能与测试方法。
(3) 熟练掌握 T′ 触发器的概念与组成。
(4) 熟练掌握 T′ 触发器的逻辑功能与测试方法。

知识链接

1. T 触发器

T 触发器又称为受控翻转型触发器。这种触发器的特点很明显:$T=0$ 时,触发器由 CP 脉冲触发后,状态保持不变;$T=1$ 时,每接收一个 CP 脉冲,触发器状态就改变一次。T 触发器并没有独立的产品,其由 JK 触发器或 D 触发器转换而来,如图 4.16 所示。

T 触发器功能表见表 4.15。从特性表写出 T 触发器的特性方程为

$$Q^{n+1} = T\bar{Q}^n + \bar{T}Q^n$$

T 触发器的状态转换图和逻辑符号如图 4.17 所示。

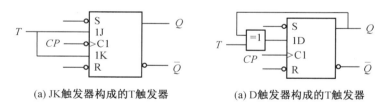

(a) JK 触发器构成的 T 触发器   (a) D 触发器构成的 T 触发器

图 4.16 T 触发器

表 4.15 T 触发器功能表

T	Q^{n+1}
0	Q^n
1	$\bar{Q}^n$

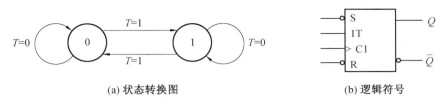

图 4.17　T 触发器的状态转换图和逻辑符号

2. T′ 触发器

T′ 触发器又称为翻转型(计数型)触发器,其功能是在脉冲输入端每接收到一个 CP 脉冲,触发器输出状态就改变一次。T′ 触发器也没有独立的产品,其主要由 JK 触发器和 D 触发器转换而来,令 $J=K=1$ 或 $D=\overline{Q}^n$,如图 4.18 所示。所以可得其特性方程为

$$Q^{n+1}=\overline{Q}^n$$

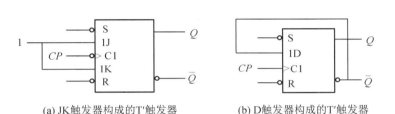

图 4.18　T′ 触发器

不同类型的触发器可以通过附加组合电路实现不同逻辑功能之间的转换,如将 JK 触发器和 D 触发器转换成 T 触发器和 T′ 触发器。同样,JK 触发器和 D 触发器之间也能实现相互转换,转换后的触发器结构不变,主从型触发器仍然是主从型触发器,边沿型触发器仍然是边沿型触发器。

这里介绍的 4 种触发器都是电位触发方式,即只有在 $CP=1$ 时,触发器才能接收信号。

任务总结

本任务学习了 T 触发器和 T′ 触发器的特性方程、状态转换图、逻辑符号和逻辑功能。T 触发器又称为受控翻转型触发器,$T=0$ 时,触发器由 CP 脉冲触发后,状态保持不变;$T=1$ 时,每接收一个 CP 脉冲,触发器状态就改变一次。T′ 触发器又称为翻转型(计数型)触发器,触发方式为电位触发方式,即只有在 $CP=1$ 时,触发器才能接收信号,其功能是在脉冲输入端每接收到一个 CP 脉冲,触发器输出状态就改变一次。不同类型的触发器可以通过附加组合电路实现不同逻辑功能之间的转换。

任务测试

一、判断题(100 分,正确打 √,错误打 ×)

1. $T=0$ 时,T 触发器由 CP 脉冲触发后,状态保持不变。( )
2. $T=1$ 时,每接收一个 CP 脉冲,T 触发器状态就改变一次。( )
3. T′触发器在脉冲输入端每接收一个 CP 脉冲,输出状态就改变一次。( )
4. JK 触发器和 D 触发器之间能实现相互转换,转换后的触发器结构不变。( )
5. T′触发器的触发方式是电位触发方式,即只有在 $CP=1$ 时,触发器才能接收信号。( )

任务评价

本学习项目的考评点、各考评点在本学习项目中所占分值比、各考评点评价方式及评价标准见表 4.16。

表 4.16　T 触发器和 T′触发器评价表

序号	考评点		占分值比	评价方式	评价标准		
					优	良	及格
一	判断题(100 分)		85%	互评+教师评价	概念清晰,五题全对	概念较为清晰,五题对四题	概念基本清晰,五题对三题
二	项目公共考核点	学习态度(57%)	8.5%	教师评价	学习积极性高,虚心好学	学习积极性较高	没有厌学现象
		交流及表达能力(23%)	3.5%	互评+教师评价	能用专业语言正确、流利地阐述项目	能用专业语言正确、较为流利地阐述项目	能用专业语言基本正确地阐述项目,无重大失误
		组织协调能力(20%)	3.0%	互评+教师评价	能根据工作任务,对资源进行合理分配,同时正确控制、激励和协调小组活动过程	能根据工作任务,对资源进行较合理分配,同时较正确控制、激励和协调小组活动过程	能根据工作任务,对资源进行分配,同时较正确控制、激励和协调小组活动过程,无重大失误

项目4　　抢答器电路的设计与制作

任务 4.7　抢答器电路的设计与仿真

任务导入

抢答器广泛用于电视台、商业机构及学校,为竞赛增添了刺激性、娱乐性,在一定程度上丰富了人们的业余生活。本任务将介绍一种数字式抢答器,其能使4个队同时参加抢答,赛场中设有1个裁判台、4个参赛台(分别为1号、2号、3号、4号参赛台)。总体设计选用西门子可编程逻辑控制器(programmable logic controller,PLC)控制,抢答操作方便,在很多场所都可以使用,并且给人的视觉效果非常好。

任务目标

(1)掌握抢答器电路的组成部分。
(2)掌握抢答器电路的工作原理。
(3)掌握抢答器电路的 Proteus 仿真与测试。

知识链接

1. 抢答器概述

抢答器是一种应用非常广泛的设备,在各种竞赛、抢答场合中,它能迅速、客观地分辨出最先获得发言权的选手。早期的抢答器只由几个三极管、可控硅、发光管等元器件组成,能通过发光管的指示辨认出选手号码。现在大多数抢答器均使用单片机或数字集成电路,并增加了许多新功能,如选手号码显示、抢按前或抢按后的计时、选手得分显示等。

随着科技的发展,现在的抢答器正向着数字化、智能化的方向发展,这必然会提高抢答器的成本。鉴于现在小规模的知识竞赛越来越多,操作简单、经济实用的小型抢答器必将大有市场。

2. 抢答器电路的组成部分

数字抢答器由主体电路与扩展电路组成。优先编码电路、锁存器、译码电路将参赛队伍的输入信号在显示器上输出;控制电路和主持人开关启动报警电路。以上两部分组成主体电路。通过定时电路和译码电路将秒脉冲产生的信号在显示器上输出实现计时功能,构成扩展电路。

3. 抢答器电路的工作原理

(1)工作任务电路整体结构图。
四路抢答器整体结构图如图4.19所示。

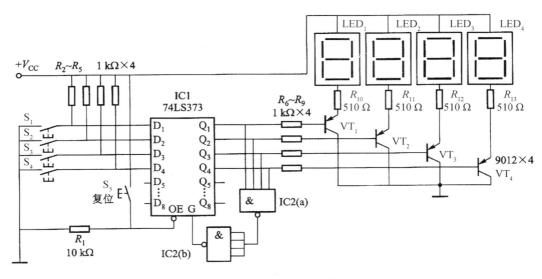

图 4.19 四路抢答器整体结构图

(2)电路分析。

当 74LS373 的 $D_1 \sim D_4$ 为高电平,$Q_1 \sim Q_4$ 也为高电平时,各数码管不亮。当某抢答者按下自己的抢答按键(如按下 S_1)时,则 $D_1 = Q$,$Q_1 = 0$,三极管 VT_1 导通,数码管 LED_1 显示 1 表示第一路抢答成功。同时,在 $Q_1 = 0$ 时,与非门 IC2(a) 的输出为 1,此时 IC2(b) 的输入端均为 1,故输出 0 电平到 74LS373 的 G 端,使电路进入保持状态,其他各路的抢答不再生效。因此,该电路不会出现两人同时获得抢答优先权的情况。当本次抢答结束后,裁判按下复位按钮 S_5,IC2(b) 输出高电平,因 $S_1 \sim S_4$ 无键按下,故 $D_1 \sim D_4$ 均为高电平,$Q_1 \sim Q_4$ 也均为高电平,电路恢复初状态,数码管熄灭,准备接受下一次抢答。

任务实施

(1)元件的拾取。

选择主菜单"Library"—"Pick Device/Symbol",或直接单击左侧工具箱中的图标 后再单击"P"按钮,进入元件拾取对话框。采用直接查询法,按表 4.17 找出数码显示电路所需元件,并将所有元件都拾取到编辑区的元件列表中。

表 4.17 元件清单列表

元件名	所在库	参数	备注	数目
74LS373	74LS	—	集成门电路芯片	1
4012	CMOS	—	集成门电路芯片	1
7SEG－COM－ANODE	DISPLAY	—	共阳极数码管	4
RES	DEVICE	1 kΩ	电阻	9
RES	DEVICE	470 Ω	电阻	4
PNP	DEVICE	—	PNP 型三极管	4

续表4.17

元件名	所在库	参数	备注	数目
BUTTON	ACTIVE	—	开关	5
CELL	DEVICE	10V	电池	1
CELL	DEVICE	15V	电池	1

(2) 电路连线。

电路连线采用按格点捕捉和自动连线的形式,所以首先应确定编辑窗口上方的自动连线图标 和自动捕捉图标 为按下状态。Proteus 的连线是非常智能的,它会根据操作者下一步的操作自动连线,操作者不需要选择连线的操作,只需用鼠标左键单击编辑区元件的一个端点并拖动到要连接的另外一个元件的端点,先松开左键后再单击鼠标左键,即可完成一根连线。如果要删除一根连线,右键双击连线即可。按图标 取消背景格点显示,连接好的抢答器电路原理图如图 4.20 所示。

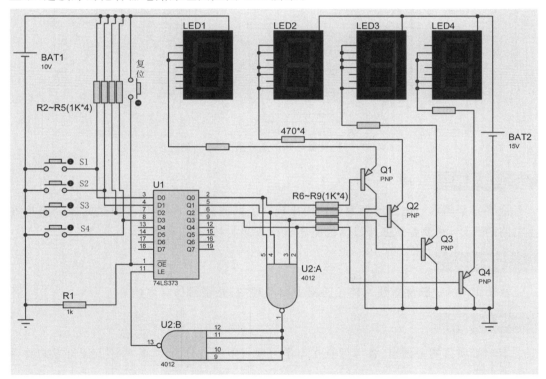

图 4.20 连接好的抢答器电路原理图

(3) 抢答器电路仿真。

通过前面的步骤,已经完成了电路原理图的设计和连接,下面来看看电路的仿真效果。

单击 Proteus ISIS 环境中左下方的仿真控制按钮中的运行按钮,开始仿真。电路通电后,若没有选手抢答,即不按下任何按键,则 4 个数码管都没有显示。按下按键 S_1,则数码管 LED_1 显示 1。同理,若分别按下按键 $S_2 \sim S_4$,则数码管 LED_2、LED_3、LED_4 分别显示 2、3、4。按下按键 S_1 的仿真效果如图 4.21 所示。

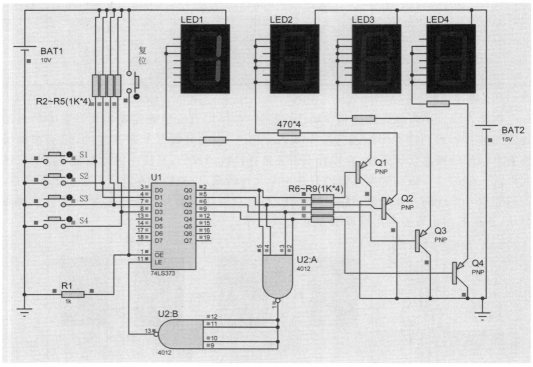

图 4.21　抢答器电路仿真效果图（彩图见附录）

任务总结

抢答器是基本门电路与触发器使用比较广泛的应用之一，本任务通过完成四路抢答器电路的设计，使读者掌握触发器的基本应用方法与技巧。

任务测试

基于 Proteus 软件搭建八路抢答器电路原理图，并进行仿真测试。

任务评价

本学习项目的考评点、各考评点在本学习项目中所占分值比、各考评点评价方式及评价标准见表 4.18。

表 4.18　抢答器电路的设计与仿真评价表

序号	考评点	占分值比	评价方式	评价标准		
				优	良	及格
一	八路抢答器电路原理图搭建与测试	85%	互评＋教师评价	原理图设计及模型搭建正确，仿真测试无误	原理图设计及模型搭建、仿真测试几乎无误	原理图设计及模型搭建、仿真测试基本无误

续表4.18

序号		考评点	占分值比	评价方式	评价标准		
					优	良	及格
二	项目公共考核点	学习态度（57%）	8.5%	教师评价	学习积极性高,虚心好学	学习积极性较高	没有厌学现象
		交流及表达能力（23%）	3.5%	互评＋教师评价	能用专业语言正确、流利地阐述项目	能用专业语言正确、较为流利地阐述项目	能用专业语言基本正确地阐述项目,无重大失误
		组织协调能力（20%）	3.0%	互评＋教师评价	能根据工作任务,对资源进行合理分配,同时正确控制、激励和协调小组活动过程	能根据工作任务,对资源进行较合理分配,同时较正确控制、激励和协调小组活动过程	能根据工作任务,对资源进行分配,同时较正确控制、激励和协调小组活动过程,无重大失误

任务 4.8　抢答器电路的制作与调试

任务导入

依据抢答器电气原理图,制作抢答器电路板。

任务目标

(1)掌握数字集成电路资料查阅、识别、测试与选取方法。
(2)掌握数字集成电路的测试、安装与检修方法。

知识链接

只有熟悉电路原理及集成电路功能,才能正确、快速找到故障点。若有故障,先准备电路原理图和集成电路功能表,再准备逻辑测试笔、万用表、电烙铁等工具。依照电路原理图和集成电路功能表,检查输入与输出之间的逻辑关系是否正常。下面以抢答后数码管有显示但不能保持为例,进行故障分析:数码管能显示,说明数码显示部分没有问题,触发器有输出;输出有变化,说明按钮开关没有问题;触发器不能锁存,说明锁存信号存在问题,下面就应当检查 CD4012 组成的反馈抢答信号部分是否正常。

任务实施

1.任务分析

依据四路抢答器电气原理图,制作出抢答器电路的 PCB 布线图及预览图,如图 4.22 所示。

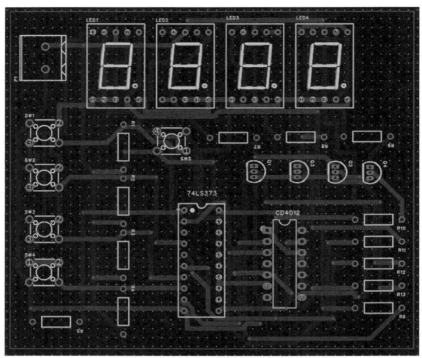

(a) 抢答器电路PCB布线图

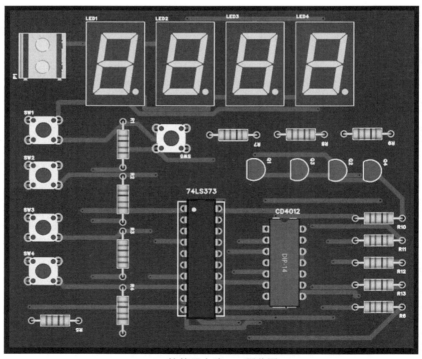

(b) 抢答器电路PCB预览图

图 4.22　抢答器电路印制板图及预览图（彩图见附录）

参照电路原理图和PCB布线图,制作四路抢答器。

2. 电路装配与测试

(1) 制作工具与仪器设备。

① 电路焊接工具:电烙铁(20～35 W)、烙铁架、焊锡丝、松香。

② 机加工工具:剪刀、尖嘴钳、斜口钳、镊子。

③ 测试仪器仪表:万用表、数字电路实验箱、逻辑测试笔。

(2) 元器件清单。

元器件清单见表4.19。

表4.19 元器件清单

序号	元器件代号	名称	型号及参数	功能
1	IC1	八D锁存器	74LS373	锁存抢答信号
2	IC2	双4输入与非门	CD4012	反馈抢答信号
3	R_1	碳膜电阻	1/8 W,1 kΩ	限流保护,避免电源短路
4	$R_2 \sim R_5$	碳膜电阻	1/8 W,1 kΩ	限流保护,避免电源短路
5	$R_6 \sim R_9$	碳膜电阻	1/8 W,1 kΩ	限流保护三极管
6	$R_{10} \sim R_{13}$	碳膜电阻	1/8 W,470 Ω	限流保护数码管
7	S_5	按钮开关	6.3×6.3	主持人复位开关
8	$S_1 \sim S_4$	按钮开关	6.3×6.3	抢答开关
9	$LED_1 \sim LED_4$	数码管	—	显示抢答者号码
10	$VT_1 \sim VT_4$	三极管	9012	驱动数码管

(3) 装配与测试步骤。

① 电路板装配步骤。

电路板装配遵循"先低后高、先内后外"的原则,先安装电阻,后安装按钮、集成电路IC座,最后安装数码管。

② 电路装配工艺要求。

a.将电路所有元器件(零部件)正确装入印制板相应位置,采用单面焊接方法焊接,要求无错焊、漏焊、虚焊。

b.元器件(零部件)距印制板高度为0～1 mm。

c.元器件(零部件)引脚保留长度为0.5～1.5 mm。

d.元器件面相应元器件(零部件)高度平整、一致。

(4) 电路检测与故障排除。

只有熟悉电路原理及集成电路功能,才能正确、快速找到故障点。若有故障,应先准备电路原理图及集成电路功能表,再准备逻辑测试笔、万用表、电烙铁等工具。依照电路原理图和集成电路功能表,检查输入与输出之间的逻辑关系是否正常。下面以抢答后数码管有显示但不能保持为例,进行故障分析:数码管能显示,说明数码显示部分没有问题,触发器有输出;输出有变化,说明按钮开关没问题;触发器不能锁存,说明锁存信号存在问题,下面就应当检查 CD4012 组成的反馈抢答信号部分是否正常。确认故障所在后,进行故障排除。

任务总结

本任务通过抢答器电路板的制作与调试,制作了一个四路抢答器电路。

任务测试

设计八路抢答器电气原理图,并制作出抢答器电路的 PCB 布线图及预览图,完成电路板装配及其电路的检测与故障排除。

任务评价

本学习项目的考评点、各考评点在本学习项目中所占分值比、各考评点评价方式及评价标准见表 4.20。

表 4.20 抢答器电路的制作与调试评价表

序号	考评点	占分值比	评价方式	评价标准 优	评价标准 良	评价标准 及格
一	要求能够正确识别元件、分析电路、了解电路参数指标	20%	教师评价+互评	能正确识别、筛选不同触发器;能根据不同需求选择集成触发器;能熟练讲解电路工作原理;熟练掌握各种触发器的功能测试与转化;能指导其他同学;能提出扩展抢答人数的修改意见;能快速查阅各种集成芯片资料	能正确识别、筛选不同触发器;能根据不同需求选择集成触发器;能够掌握各种触发器的功能测试与转化;能正确分析电路工作原理,掌握查阅各种集成芯片资料的方法	能正确识别、筛选不同触发器;能区分不同集成触发器的功能;基本掌握各种触发器的功能测试与转化;能分析数字电路部分工作原理
二	操作实施	35%	教师评价+自评	焊接质量可靠,焊点规范,布局合理,仪表使用正确,能分析测试数据	焊接质量可靠,焊点较规范,布局合理,仪表使用正确	焊接质量可靠,焊点较规范,布局合理,仪表使用基本正确

项目4　　　　　抢答器电路的设计与制作

续表4.20

序号	考评点	占分值比	评价方式	评价标准		
				优	良	及格
三	项目总结报告	20%	教师评价	格式符合标准、内容完整、有详细的过程记录和分析,并能提高出一些新建议	格式符合标准、内容完整、有一定的过程记录和分析	格式符合标准、内容较完整
五 项目公共考核点	工作与职业操守(30%)	7.5%	教师评价+自评+互评	安全、文明工作,具有良好的职业操守	安全、文明工作,职业操守较好	没有出现违纪违规现象
	学习态度(30%)	7.5%	教师评价	学习积极性高,虚心好学	学习积极性较高	没有厌学现象
	团队合作精神(20%)	5.0%	互评	具有良好的团队合作精神,热心帮助小组其他成员	具有较好的团队合作精神,能帮助小组其他成员	能配合小组完成项目任务
	交流及表达能力(10%)	2.5%	互评+教师评价	能用专业语言正确、流利地阐述项目	能用专业语言正确、较为流利地阐述项目	能用专业语言基本正确地阐述项目,无重大失误
	组织协调能力(10%)	2.5%	互评+教师评价	能根据工作任务,对资源进行合理分配,同时正确控制、激励和协调小组活动过程	能根据工作任务,对资源进行较合理分配,同时较正确控制、激励和协调小组活动过程	能根据工作任务,对资源进行分配,同时较正确控制、激励和协调小组活动过程,无重大失误

项目 5　报警器电路的设计与制作

> **项目描述**

　　555 定时器是在电子工程领域广泛使用的一种中规模集成电路,它将模拟与逻辑功能巧妙地组合在一起,具有结构简单、使用电压范围宽、工作速度快、定时精度高、驱动能力强等优点。555 定时器配以外部元件,可以构成多种实际应用电路,广泛用于产生多种波形的脉冲振荡器、检测电路、自动控制电路、家用电器及通信产品等电子设备中。

　　本项目的目的是通过 555 报警器电路的设计与仿真、报警器电路的制作与调试等 6 个学习任务的训练,来使读者掌握 555 芯片的特点与应用。

> **学习目标**

通过本项目的学习,要求:
(1) 培养团队合作意识、探索意识、求知意识。
(2) 熟悉 555 定时器内部结构及引脚使用。
(3) 熟练掌握运用 555 定时器构成多谐振荡器的方法。
(4) 熟练掌握运用 555 定时器构成施密特触发器的方法
(5) 熟悉 555 定时器芯片其他常用的电路结构。
(6) 掌握报警器的工作原理与制作。
(7) 掌握报警器电路的设计与仿真。
(8) 能够组装并调试报警器电路。

任务 5.1　定时器

> **任务导入**

　　555 定时器是一种用途广泛的模拟数字混合集成电路,也称为时基电路,其于 1972 年由西格尼蒂克斯(Signetics)公司研制。其因设计新颖、构思奇巧,备受电子专业设计人员和电子爱好者青睐;它可以构成单稳态触发器、多谐振荡器、施密特触发器和压控振荡器等多种应用电路。

项目5 报警器电路的设计与制作

任务目标

(1) 掌握555定时器的定义。
(2) 了解555定时器的内部结构。
(3) 能正确分析555定时器的工作原理。
(4) 掌握555定时器的逻辑功能。

知识链接

555定时器是一种结构简单、使用方便灵活、用途广泛的多功能电路。只要外部配接少数几个阻容元件便可组成施密特触发器、单稳态触发器、多谐振荡器等电路。它也常作为定时器广泛应用于仪器仪表、家用电器、电子测量及自动控制等方面。555定时器是美国Signetics公司1972年研制的用于取代机械式定时器的中规模集成电路,因输入端设计有3个5 kΩ的电阻而得名。

555定时器的使用电压范围宽,双极型555定时器为5～16 V,CMOS 555定时器为3～18 V。可提供与TTL及CMOS数字电路兼容的接口电平。555定时器还可以输出一定的功率,可驱动微电机、指示灯、扬声器等。它在脉冲波形的产生与变换、仪器与仪表、测量与控制、家用电器与电子玩具等领域都有着广泛的应用。

任务实施

1. 555定时器内部结构

555定时器是一种模拟电路和数字电路相结合的中规模集成电路,其内部结构及管脚排列示意图如图5.1所示。

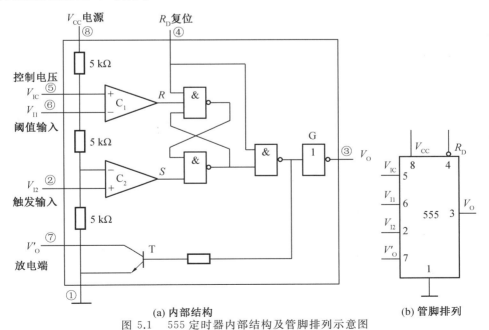

(a) 内部结构   (b) 管脚排列
图5.1 555定时器内部结构及管脚排列示意图

555 定时器由分压器、比较器、基本 RS 触发器和放电三极管等部分组成。分压器由 3 个 5 kΩ 的等值电阻串联而成。分压器为比较器 C_1、C_2 提供参考电压，比较器 C_1 的参考电压为 $\frac{2}{3}V_{CC}$，加在同相输入端；比较器 C_2 的参考电压为 $\frac{1}{3}V_{CC}$，加在反相输入端。比较器由 2 个结构相同的集成运放 C_1、C_2 组成。高电平触发信号加在 C_1 的反相输入端，与同相输入端的参考电压比较后，其结果作为基本 RS 触发器 $\overline{R}_D$ 端的输入信号；低电平触发信号加在 C_2 的同相输入端，与反相输入端的参考电压比较后，其结果作为基本 RS 触发器 $\overline{S}_D$ 端的输入信号。基本 RS 触发器的输出状态受比较器 C_1、C_2 的输出端控制。

2. 555 定时器工作原理

如图 5.1 所示，当 ⑤ 脚悬空时，比较器 C_1 和 C_2 的比较电压分别为 $\frac{2}{3}V_{CC}$ 和 $\frac{1}{3}V_{CC}$。

(1) 当 $V_{I1} > \frac{2}{3}V_{CC}$、$V_{I2} > \frac{1}{3}V_{CC}$ 时，比较器 C_1 输出低电平，C_2 输出高电平，基本 RS 触发器被置 0，放电三极管 T 导通，输出端 V_O 为低电平，即"输入同低输出高"。

(2) 当 $V_{I1} < \frac{2}{3}V_{CC}$、$V_{I2} < \frac{1}{3}V_{CC}$ 时，比较器 C_1 输出高电平，C_2 输出低电平，基本 RS 触发器被置 1，放电三极管 T 截止，输出端 V_O 为高电平，即"输入同高输出低"。

(3) 当 $V_{I1} < \frac{2}{3}V_{CC}$、$V_{I2} > \frac{1}{3}V_{CC}$ 时，比较器 C_1 输出高电平，C_2 也输出高电平，即基本 RS 触发器 $R=1$、$S=1$，触发器状态不变，电路亦保持原状态不变，即"输入不同输出保持"。

由于阈值输入端(V_{I1})为高电平($>\frac{2}{3}V_{CC}$)时，定时器输出低电平，因此也将该端称为高触发端(TH)。

由于触发输入端(V_{I2})为低电平($<\frac{1}{3}V_{CC}$)时，定时器输出高电平，因此也将该端称为低触发端(TL)。

如果在电压控制端(⑤脚)施加一个外加电压(其值为 $0 \sim V_{CC}$)，那么比较器的参考电压将发生变化，电路相应的阈值、触发电平也将随之变化，并进而影响电路的工作状态。

另外，R_D 为复位输入端，当 R_D 为低电平时，不管其他输入端的状态如何，输出端 V_O 都为低电平，即 R_D 的控制级别最高。正常工作时，一般应将 R_D 接高电平。

555 定时器的逻辑功能表见表 5.1，功能表见表 5.2。

表 5.1 555 定时器的逻辑功能表

R	S'	Q	⑦ 端
1	1	0	接地
0	0	1	开路
0	1	Q	保持
1	0	不定	不定

表 5.2 555 定时器功能表

输入			输出	
阈值输入端 ⑥	阈值输入端 ②	复位输入端 ④	输出端 ③	放电开关端 ⑦
×	×	L	L	导通
$< V_{REF1}$	$< V_{REF2}$	H	H	截止
$> V_{REF1}$	$> V_{REF2}$	H	L	导通
$< V_{REF1}$	$> V_{REF2}$	H	不变	不变

表 5.2 中，$V_{REF1} = \frac{2}{3} V_{CC}$，$V_{REF2} = \frac{1}{3} V_{CC}$。

从简化的内部电路结构和逻辑功能表中可以看出，555 电路有以下特点：

① 两个输入端触发电平的要求不同。在输入端 ⑥ 加上大于 $\frac{2}{3} V_{CC}$ 的电压，可以把触发器置于 0 状态，即 $V_O = 0$；在 ⑥ 加上小于 $\frac{2}{3} V_{CC}$ 的电压，可以把触发器置于 1 状态，即 $V_O = 1$。

② 复位端 ④ 低电平有效，平时应为高电平。

③ 对于放电开关端 ⑦，当 V_O 为低电平时，⑦ 接地；当 V_O 为高电平时，⑦ 对地开路。

任务总结

本任务中讲述了 555 定时器的定义、555 定时器的内部结构与工作原理。555 定时器是一种结构简单、使用方便灵活、用途广泛的多功能电路。其只要外部配接少数几个阻容元件便可组成施密特触发器、单稳态触发器、多谐振荡器等电路。其也常作为定时器广泛应用于仪器仪表、家用电器、电子测量及自动控制等方面。

任务测试

一、选择题（18 分）

1. 555 定时器不可以组成（　　）。

A. 多谐振荡器　　　　　　　　B. 单稳态触发器

C. 施密特触发器　　　　　　　D. JK 触发器

2. 555 定时器构成的典型应用中不包含（　　）电路。

A. 多谐振荡　　　　　　　　　B. 施密特振荡

C.单稳态振荡 D.存储器

3.555定时器是一种用途很广泛的电路,除了能组成( )触发器、单稳态触发器和多谐振荡器3个基本单元电路以外,还可以接成各种实用电路。

A.施密特 B.单谐振荡器
C.双稳态 D.双谐振荡器

二、填空题(12分)

1.555定时器是一种_____和_____相结合的中规模集成电路。

2.设电源电压为V_{CC},则555定时器的两个基准电压分别是_____和_____。

三、简答题(70分)

1.555定时器的结构及引脚图。
2.555定时器的工作原理。

任务评价

本学习项目的考评点、各考评点在本学习项目中所占分值比、各考评点评价方式及评价标准见表5.3。

表5.3 定时器评价表

序号	考评点	占分值比	评价方式	评价标准		
				优	良	及格
一	选择题(18分)	13.5%	互评+教师评价	概念清晰,三题全对	概念较为清晰,三题对两题	概念基本清晰,三题对一题
二	填空题(12分)	9%	互评+教师评价	知识点清晰,三个空全对	知识点较为清晰,三个空对两个	知识点基本清晰,三个空对一个
三	简答题(70分)	52.5%	互评+教师评价	分析非常透彻,完全正确	分析较为透彻,几乎完全正确	分析基本透彻,基本正确

续表5.3

序号		考评点	占分值比	评价方式	评价标准		
					优	良	及格
四	项目公共考核点	工作与职业操守(30%)	7.5%	教师评价+自评+互评	安全、文明工作,具有良好的职业操守	安全、文明工作,职业操守较好	未出现违纪违规现象
		学习态度(30%)	7.5%	教师评价	学习积极性高,虚心好学	学习积极性较高	没有厌学现象
		团队合作精神(20%)	5.0%	互评	具有良好的团队合作精神,热心帮助小组其他成员	具有较好的团队合作精神,能帮助小组其他成员	能配合小组完成项目任务
		交流及表达能力(10%)	2.5%	互评+教师评价	能用专业语言正确、流利地阐述项目	能用专业语言正确、较为流利地阐述项目	能用专业语言基本正确地阐述项目,无重大失误
		组织协调能力(10%)	2.5%	互评+教师评价	能根据工作任务,对资源进行合理分配,同时正确控制、激励和协调小组活动过程	能根据工作任务,对资源进行较合理分配,同时较正确控制、激励和协调小组活动过程	能根据工作任务,对资源进行分配,同时较正确控制、激励和协调小组活动过程,无重大失误

任务5.2　单稳态触发器电路

任务导入

单稳态触发器是只有一个稳定状态的电路,其特点是:有一个稳定状态(稳态)和一个暂稳态;在触发脉冲作用下,电路将从稳态翻转到暂稳态,在暂稳态停留一段时间后,又自动返回到稳态;暂稳态持续时间的长短取决于电路本身的参数,与触发脉冲的宽度无关(注意:触发脉冲为窄脉冲,其宽度应小于暂稳态的宽度)。

任务目标

(1)掌握单稳态触发器的电路组成。
(2)掌握单稳态触发器的特点。
(3)能正确分析单稳态触发器的工作过程。

（4）掌握单稳态触发器的典型应用。

知识链接

（1）单稳态触发器电路组成。

由 555 定时器构成的单稳态触发器电路如图 5.2(a) 所示,输入信号 u_1 加在低触发端 $\overline{TR}$（2 脚）,并将高触发端 TH（6 脚）与放电端 D（7 脚）接在一起,然后再与定时元件 R、C 相接。

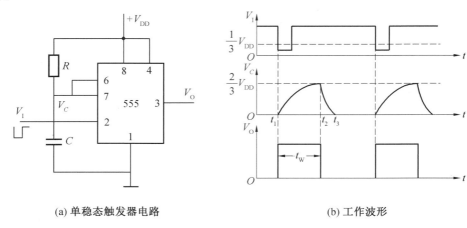

(a) 单稳态触发器电路　　　　　　　　(b) 工作波形

图 5.2　555 定时器构成的单稳态触发器电路及工作波形

（2）单稳态触发器工作过程。

① 稳定状态（稳态）：电源接通前,V_I 为高电平。电源接通后,V_{DD} 经 R 对电容 C 充电,当电容 C 上的电压 $V_C > \frac{2}{3} V_{DD}$ 时,由于 $V_I > \frac{1}{3} V_{DD}$,于是"同高出低",555 定时器输出为低电平,即 $V_O = 0$。放电管 VT 导通,电容 C 经 VT 迅速放电,$V_C \approx 0$,此时 $V_{TH} = V_C < \frac{2}{3} V_{DD}$、$V_{\overline{TR}} = V_I > \frac{1}{3} V_{DD}$,则"不同保持",即输出 V_O 为稳定的低电平。稳态工作波形如图 5.2(b) 中 $0 \sim t_1$ 段所示。

② 暂稳态：在负脉冲 V_I 作用下,低触发端 $\overline{TR}$ 得到低于 $\frac{1}{3} V_{DD}$ 的触发电平,而此时 $V_C = 0$,即 $V_C < \frac{2}{3} V_{DD}$、$V_{\overline{TR}} < \frac{1}{3} V_{DD}$,则"同低出高",即输出 V_O 为高电平,同时放电管 VT 截止,电路进入暂稳态,定时开始。暂稳态工作波形如图 5.2(b) $t_1 \sim t_2$ 段所示。

暂稳态阶段,电容 C 充电,充电回路为 V_{DD}—R—C—地,充电时间常数 $t \approx RC$,按指数规律上升。

③ 自动返回稳定状态：当电容电压 V_C 上升到 $\frac{2}{3} V_{DD}$ 时,$V_{TH} \geqslant \frac{2}{3} V_{DD}$、$V_{\overline{TR}} \geqslant \frac{1}{3} V_{DD}$,则有"同高出低,输出 V_O 由高电平变为低电平,放电管 VT 由截止变为饱和,暂稳态结束。电容 C 经放电管 VT 放电至电压为 0 V,由于放电管饱和导通的等效电阻较小,所以

放电速度快,在这个阶段,输出 V_O 维持低电平。此状态工作波形如图 5.2(b)$t_1 \sim t_2$ 段所示。

电路返回稳态后,当下一个触发信号到来时,又重复上述过程。

由图 5.2(b)可见,输出脉冲宽度 t_W 为定时电容 C 上的电压 V_C 由 0 充到 $\frac{2}{3}V_{DD}$ 所需的时间,其大小可用下式估算

$$t_W = RC\ln 3 \approx 1.1RC$$

由上式可见,脉冲宽度 t_W 的大小与定时元件 R、C 的大小有关,与输入脉冲宽度及电源电压大小无关,调节定时元件可以改变输出脉冲宽度。

当一个触发脉冲使单稳态触发器进入暂稳定状态后,t_W 时间内的其他触发脉冲对触发器就不起作用;只有当触发器处于稳定状态时,输入的触发脉冲才能起作用。

任务实施

(1) 分频。

当一个触发脉冲使单稳态触发器进入暂稳态时,在输入此脉冲后 t_W 时间内,如果再输入其他触发脉冲,则对触发器状态不再起作用;只有当触发器处于稳定状态时,输入的触发脉冲才起作用。分频电路正是利用这个特性将高频率信号变换为低频率信号的,分频电路如图 5.3 所示。

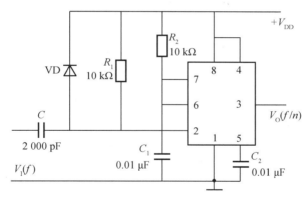

图 5.3 分频电路

(2) 定时。

单稳态触发器可以构成定时电路,与继电器或驱动放大电路配合,可实现自动控制、定时开关的功能等。

① 触摸定时控制开关。

图 5.4 是利用 555 定时器构成的单稳态触发器定时控制开关,只要用手触摸一下金属片 P,由于人体感应电压相当于在触发输入端(管脚 2)加入一个负脉冲,555 定时器输出端(管脚 3)输出高电平,灯泡(R_L)发光;当暂稳态时间(t_W)结束时,555 定时器输出端恢复低电平,灯泡熄灭。该触摸开关可用于夜间定时照明,定时时间可由 R、C 参数调节。

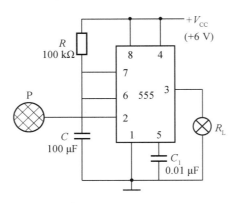

图 5.4 触摸式定时控制开关

② 触摸、声控双功能延时灯

图 5.5 所示为一触摸、声控双功能延时灯电路,电路由电容降压整流电路、声控放大器、555 定时器和控制器组成,具有声控和触摸控制灯亮的功能。

555 定时器和 T_1、R_3、R_2、C_4 组成单稳定时电路,定时时间 $t_W=1.1R_2C_4$,图示参数的定时(即灯亮)时间约为 1 min。当击掌声传至压电陶瓷片时,HTD 将声音信号转换成电信号,经 T_2、T_1 放大,触发 555 定时器,使 555 定时器输出端(3 脚)输出高电平,触发导通晶闸管 SCR,电灯亮;同样,若触摸金属片 A 时,人体感应电信号经 R_4、R_5 加至 T_1 基极,使 T_1 导通,触发 555 定时器,达到上述效果。

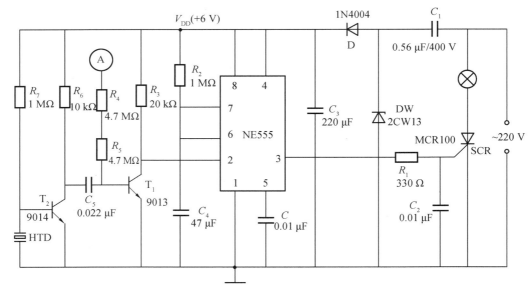

图 5.5 触摸、声控双功能延时灯电路

任务总结

本任务学习了单稳态触发器的电路组成与工作过程,以及典型应用。单稳态触发器是只有一个稳定状态的电路,其特点是有一个稳定状态和一个暂稳态。单稳态触发器可以构成定时电路,与继电器或驱动放大电路配合,可实现自动控制、定时开关等功能。

任务测试

一、选择题(18分)

1. 用555定时器构成单稳态触发器,其输出脉冲的宽度为( )。
   A.0.7RC   B.1.1RC
   C.1.4RC   D.1.8RC
2. 下列不属于555定时器构成的单稳态触发器的典型应用是( )。
   A.脉冲定时   B.脉冲延时
   C.脉冲整形   D.计数器
3. 单稳态触发器的输出脉冲的宽度取决于( )。
   A.触发脉冲的宽度   B.触发脉冲的幅度
   C.电路本身的电容、电阻的参数   D.电源电压的数值

二、填空题(12分)

1. 单稳态触发器的主要应用是_____和_____。
2. 单稳态触发器的触发脉冲为_____脉冲,其宽度应小于_____的宽度。

三、简答题(70分)

1. 单稳态触发器的电路组成。
2. 单稳态触发器的工作原理。

任务评价

本学习项目的考评点、各考评点在本学习项目中所占分值比、各考评点评价方式及评价标准见表5.4。

表5.4 单稳态触发器电路评价表

序号	考评点	占分值比	评价方式	评价标准		
				优	良	及格
一	选择题(18分)	13.5%	互评+教师评价	概念清晰,三题全对	概念较为清晰,三题对两题	概念基本清晰,三题对一题
二	填空题(12分)	9%	互评+教师评价	知识点清晰,四个空全对	知识点较为清晰,四个空对三个	知识点基本清晰,四个空对两个

续表5.4

序号	考评点	占分值比	评价方式	评价标准		
				优	良	及格
三	简答题(70分)	52.5%	互评＋教师评价	分析非常透彻，完全正确	分析较为透彻，几乎完全正确	分析基本透彻，基本正确
四 项目公共考核点	工作与职业操守(30%)	7.5%	教师评价＋自评＋互评	安全、文明工作，具有良好的职业操守	安全、文明工作，职业操守较好	未出现违纪违规现象
	学习态度(30%)	7.5%	教师评价	学习积极性高，虚心好学	学习积极性较高	没有厌学现象
	团队合作精神(20%)	5.0%	互评	具有良好的团队合作精神，热心帮助小组其他成员	具有较好的团队合作精神，能帮助小组其他成员	能配合小组完成项目任务
	交流及表达能力(10%)	2.5%	互评＋教师评价	能用专业语言正确、流利地阐述项目	能用专业语言正确、较为流利地阐述项目	能用专业语言基本正确地阐述项目，无重大失误
	组织协调能力(10%)	2.5%	互评＋教师评价	能根据工作任务，对资源进行合理分配，同时正确控制、激励和协调小组活动过程	能根据工作任务，对资源进行较合理分配，同时较正确控制、激励和协调小组活动过程	能根据工作任务，对资源进行分配，同时较正确控制、激励和协调小组活动过程，无重大失误

任务 5.3　多谐振荡器电路

任务导入

多谐振荡器是能产生矩形脉冲的自激振荡器。由于矩形脉冲中除基波外，还包含许多高次谐波，因此这类振荡器被称为多谐振荡器。多谐振荡器一旦起振，电路便没有稳态，只有2个暂稳态，它们交替变化，输出连续的矩形脉冲信号，因此又称为无稳态电路，常用作脉冲信号源。

项目5　报警器电路的设计与制作

任务目标

(1) 掌握多谐振荡器的电路组成。
(2) 掌握多谐振荡器的特点。
(3) 能正确分析多谐振荡器的工作原理。

知识链接

555 定时器构成的多谐振荡器电路如图 5.6(a) 所示,定时元件除电容 C 外,还有 2 个电阻 R_1 和 R_2。将高、低触发端(6 脚、2 脚)短接后连接到 C 与 R_2 的连接处,将放电端(7 脚)接到的连接处。由图可见,$V_C = V_{TH} = V_O$。

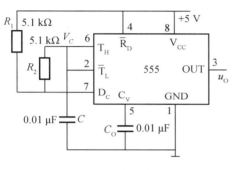

(a) 多谐振荡器电路

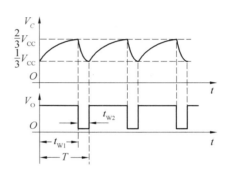

(b) 工作波形

图 5.6　555 定时器构成的多谐振荡器电路及工作波形

任务实施

1. 多谐振荡器工作原理

在接通电源的瞬间($t=t_0$),电容 C 来不及充电,V_C 为低电平,此时 $V_{TH} < \frac{2}{3}V_{DD}$、$V_{TR} < \frac{1}{3}V_{DD}$,则有"同低出高",输出 V_O 为高电平。同时放电管 VT 截止,电容 C 开始充电,电路进入暂稳态。一般多谐振荡器的工作过程可分为以下 4 个阶段,如图 5.6(b) 所示:

(1) 暂稳态 $1(t_0 \sim t_1)$:电容 C 充电,充电回路为 $V_{DD}—R_1—R_2—C—$地,充电时间常数为 $t_1 = (R_1 + R_2)C$,电容 C 上的电压 V_C 随时间 t 按指数规律上升,$\frac{1}{3}V_{DD} < V_C < \frac{2}{3}V_{DD}$,则有"不同保持",即输出 V_O 暂稳在高电平。

(2) 自动翻转 $1(t_0=t_1)$：当电容上的电压 V_C 上升到 $\frac{2}{3}V_{DD}$ 时，则有"同高出低"，即输出 V_O 由高电平跳变为低电平，电容 C 中止充电。

(3) 暂稳态 $2(t_1 \sim t_2)$：此时，放电管 VT 饱和导通，电容 C 放电，放电回路为 $C—R_2—$ 放电管 VT—地，放电时间常数 $t_1=R_2C$（忽略放电管 VT 的饱和电阻 R_{CES}），电容电压按指数规律下降，同时使输出维持在低电平。

(4) 自动翻转 $2(t=t_1)$：当电容上的电压 V_C 上升到 $\frac{1}{3}V_{DD}$ 时，则有"同低出高"，即输出 V_O 由低电平跳变为高电平，电容 C 中止放电。由于放电管 VT 截止，电容 C 又开始充电，因此进行暂稳态 1。

之后，电路重复上述过程，电路没有稳态，只有 2 个暂稳态，它们交替变化，输出连续的矩形波脉冲信号。

2. 多谐振荡器主要参数

两个暂稳态维持时间 T_1 和 T_2 的计算公式为

$$T_1 = t\ln 2 = 0.7(R_1+R_2)C$$
$$T_2 = 0.7R_2C$$

振荡周期为

$$T = T_1 + T_2 = 0.7(R_1+R_2)C$$

振荡频率为

$$f = \frac{1}{T}$$

占空比为

$$D = \frac{T_1}{T_1+T} = \frac{0.7(R_1+R_2)C}{0.7(R_1+2R_2)C} \frac{R_1+R_2}{R_1+2R_2}$$

任务总结

本任务学习了多谐振荡器的电路组成部分及多谐振荡器的工作原理。多谐振荡器是能产生矩形脉冲的自激振荡器，多谐振荡器一旦起振，电路便没有稳态，只有 2 个暂稳态，它们交替变化，输出连续的矩形波脉冲信号，因此又称为无稳态电路，常用作脉冲信号源。

任务测试

一、选择题（18 分）

1. 555 定时器构成的多谐振荡电路的脉冲频率由（　　）决定。
   A.输入信号　　　　　　　　　　　　B.输出信号
   C.电路充放电电阻及电容　　　　　　D.555 定时器结构

2. 多谐振荡器是一种波形产生电路，它没有（　　），只有 2 个暂稳态。
   A.稳态　　　　B.单态　　　　C.双态　　　　D.不能确定

3. （　　）可用来自动产生矩形脉冲信号。
   A.施密特触发器　　　　　　　　　　B.单稳态触发器
   C.T 触发器　　　　　　　　　　　　D.多谐振荡器

二、填空题（12 分）

1. 多谐振荡器是能产生_____脉冲的_____振荡器。

2. 多谐振荡器一旦起振后，电路没有_____，只有 2 个_____。

三、简答题（70 分）

1. 多谐振荡器的电路组成。
2. 多谐振荡器的工作原理。
3. 多谐振荡器的主要参数。

任务评价

本学习项目的考评点、各考评点在本学习项目中所占分值比、各考评点评价方式及评价标准见表 5.5。

表 5.5　多谐振荡器电路评价表

序号	考评点	占分值比	评价方式	评价标准		
				优	良	及格
一	选择题（18 分）	13.5%	互评＋教师评价	概念清晰，三题全对	概念较为清晰，三题对两题	概念基本清晰，三题对一题
二	填空题（12 分）	9%	互评＋教师评价	知识点清晰，四个空全对	知识点较为清晰，四个空对三个	知识点基本清晰，四个空对两个

续表5.5

序号		考评点	占分值比	评价方式	评价标准		
					优	良	及格
三		简答题(70分)	52.5%	互评+教师评价	分析非常透彻,完全正确	分析较为透彻,几乎完全正确	分析基本透彻,基本正确
四	项目公共考核点	工作与职业操守(30%)	7.5%	教师评价+自评+互评	安全、文明工作,具有良好的职业操守	安全文明工作,职业操守较好	未出现违纪违规现象
		学习态度(30%)	7.5%	教师评价	学习积极性高,虚心好学	学习积极性较高	没有厌学现象
		团队合作精神(20%)	5.0%	互评	具有良好的团队合作精神,热心帮助小组其他成员	具有较好的团队合作精神,能帮助小组其他成员	能配合小组完成项目任务
		交流及表达能力(10%)	2.5%	互评+教师评价	能用专业语言正确、流利地阐述项目	能用专业语言正确、较为流利地阐述项目	能用专业语言基本正确地阐述项目,无重大失误
		组织协调能力(10%)	2.5%	互评+教师评价	能根据工作任务,对资源进行合理分配,同时正确控制、激励和协调小组活动过程	能根据工作任务,对资源进行较合理分配,同时较正确控制、激励和协调小组活动过程	能根据工作任务,对资源进行分配,同时较正确控制、激励和协调小组活动过程,无重大失误

任务5.4 施密特触发器电路

任务导入

施密特触发器最重要的特点是能够把变化缓慢的输入信号整形成边沿陡峭的矩形脉冲。同时,施密特触发器还可利用其回差电压来提高电路的抗干扰能力。施密特触发器

又称为施密特反相器,是脉冲波形变换中经常使用的一种电路。它在性能上有 2 个重要的特点:

① 输入信号从低电平上升过程中对应的输入电平,与输入信号从高电平下降过程中对应的输入转换电平不同。

② 在电路状态转换时,电路内部的正反馈过程使输出电压波形的边沿变得很陡。

利用这 2 个特点不仅能将边沿变化缓慢的信号波形整形为边沿陡峭的矩形波,而且可以将叠加在矩形脉冲高、低电平上的噪声有效地清除。

任务目标

(1) 掌握施密特触发器的特点。
(2) 学会测试集成施密特触发器的阈值电压。
(3) 了解施密特触发器的应用。

知识链接

1. 施密特触发器电路组成及工作原理

555 定时器构成的施密特触发器电路图和波形图如图 5.7 所示。

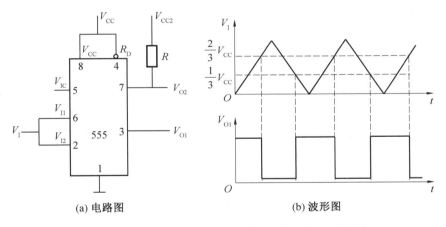

(a) 电路图　　　　　　(b) 波形图

图 5.7　555 定时器构成的施密特触发器电路图和波形图

(1) $V_I = 0$ V 时,V_{O1} 输出高电平。

(2) 当 V_I 上升到 $\frac{2}{3} V_{CC}$ 时,V_{O1} 输出低电平。当 V_I 由 $\frac{2}{3} V_{CC}$ 继续上升,V_{O1} 保持不变。

(3) 当 V_I 下降到 $\frac{1}{3} V_{CC}$ 时,电路输出跳变为高电平。而且在 V_I 继续下降到 0 时,电路保持这种状态不变。

图 5.7 中,R、V_{CC2} 构成另一输出端 V_{O2},其高电平可以通过改变 V_{CC2} 进行调节。

2. 施密特触发器电压滞回特性和主要参数

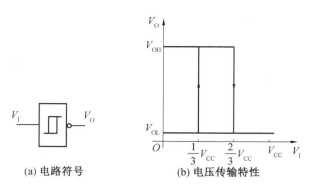

图 5.8　施密特触发器的电路符号和电压传输特性

施密特触发器的主要静态参数有：

(1) 上限阈值电压 V_{T+}。

V_I 上升过程中，输出电压 V_O 由高电平 V_{OH} 跳变到低电平 V_{OL} 时，所对应的输入电压值即为 V_{T+}。$V_{T+} = \frac{2}{3} V_{CC}$。

(2) 下限阈值电压 V_{T-}。

V_I 下降过程中，输出电压 V_O 由低电平 V_{OL} 跳变到高电平 V_{OH} 时，所对应的输入电压值即为 V_{T-}。$V_{T-} = \frac{1}{3} V_{CC}$。

(3) 回差电压 ΔV_T。

回差电压又称为滞回电压，定义为

$$\Delta V_T = V_{T+} - V_{T-} = \frac{1}{3} V_{CC}$$

若在电压控制端 V_{IC} (5 脚) 外加电压 V_S，则有 $V_{T+} = V_S$，$V_{T-} = \frac{V_S}{2}$，$\Delta V_T = \frac{V_S}{2}$，而且当改变 V_S 时，它们的值也随之改变。

3. 施密特触发器的功能

施密特的主要作用是使得小幅值干扰不会对反相器产生影响，从而避免了误动作发生。因此施密特触发器的最主要应用主要是提高抗干扰能力。如果将检测电压设定为 5 V，那么当电压在 5 V 附近小范围内波动时，就会导致检测电路不停动作。如果加上一个施密特触发器，就可以设定一个电压范围，例如电压跌落到 4.7 V 就断开，但要回升到 5 V 才能导通。另外也可以将施密特触发器用在复位电路中。此外，施密特触发器还经常用于触发、波形整形、具有滤波作用的反相器等。

(1) 波形变换。

施密特触发器可以将任何符合特定条件的输入信号变为对应的矩形脉冲输出信号。

(2)幅度鉴别。

利用施密特触发器进行幅度鉴别如图 5.9 所示。

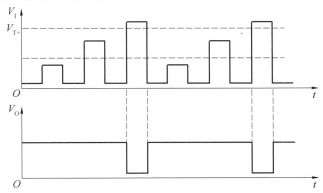

图 5.9　利用施密特触发器进行幅度鉴别图

(3)脉冲整形。

利用施密特触发器进行脉冲整形如图 5.10 所示。

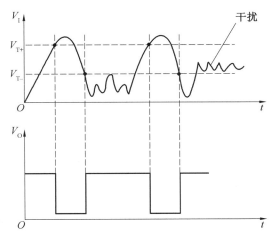

图 5.10　利用施密特触发器进行脉冲整形

4．集成施密特触发器

施密特触发器可以由 555 定时器组成,也可以由分立元件和集成门电路组成。因为这种电路应用十分广泛,所以市场上有专门的集成电路产品出售,称为施密特触发门电路。集成施密特触发器的性能一致性好,触发阈值稳定,使用方便。

(1)CMOS 集成施密特触发器。

图 5.11(a)是 CMOS 集成施密特触发器 CC40106(六反相器)外引线功能图,表 5.6 是其主要静态参数。

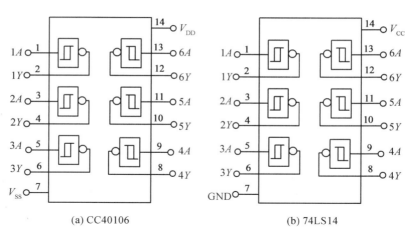

图 5.11 集成施密特触发器 CC40106 和 74LS14 外引线功能图

表 5.6 集成施密特触发器 CC40106 的主要静态参数

电源电压 V_{DD}/V	V_{T+}（最小值）/V	V_{T+}（最大值）/V	V_{T-}（最小值）/V	V_{T-}（最大值）/V	ΔV_T（最小值）/V	ΔV_T（最大值）/V
5	2.2	3.6	0.9	2.8	0.3	1.6
10	4.6	7.1	2.5	5.2	1.2	3.4
15	6.8	10.8	4	7.4	1.6	5

（2）TTL 集成施密特触发器。

图 5.11(b)是 TTL 集成施密特触发器 74LS14 外引线功能图,其几个主要参数的典型值见表 5.7。

表 5.7 TTL 集成施密特触发器几个主要参数的典型值

型号	器件型号延迟时间/ns	每门功耗/mW	V_{T+}/V	V_{T-}/V	$\Delta V_T/V$
74LS14	15	8.6	1.6	0.8	0.8
74LS132	15	8.8	1.6	0.8	0.8
74LS13	16.5	8.75	1.6	0.8	0.8

TTL 集成施密特触发器具有以下特点：

① 输入信号边沿的变化即使非常缓慢,电路也能正常工作。

② 对于阈值电压和滞回电压均有温度补偿。

③ 带负载能力和抗干扰能力都很强。

集成施密特触发器不仅可以做成单输入端反相缓冲器形式,还可以做成多输入端与非门形式,如 CMOS 四 2 输入与非门 CC4093、TTL 四 2 输入与非门 74LS132 和双 4 输入与非门 74LS13 等。

项目5　报警器电路的设计与制作

> 任务实施

1. 施密特触发器实验设备

施密特触发器实验设备清单见表5.8。

表 5.8　实验设备清单

实验设备	数量
数字电路实验箱	1 台
数字万用表	1 块
双踪示波器	1 台
信号发生器	1 台

2. 施密特触发器实验任务及步骤

（1）波形变换。

图 5.12(a) 电源电压 E_D 取 +5 V，V_I 接信号发生器的正弦波（输入信号是由直流分量和正弦分量叠加而成的，且峰峰值 $V_{P-P} = 4$ V，频率为 1 kHz），用双踪示波器观察并记录这种情况下的输入 V_I 及输出 V_O 波形。同时，用示波器测出 V_{T+}、V_{T-}、ΔV_T、V_{OH}、V_{OL} 及 V_O 的周期，将结果填入自行设计的表格中（注意：做此项实验时，信号发生器的直流偏置开关必须起作用）。

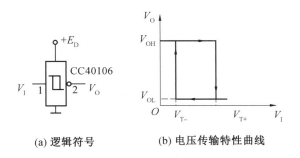

(a) 逻辑符号　　(b) 电压传输特性曲线

图 5.12　CMOS 施密特触发器逻辑符号及施密特触发器电路的电压传输特性曲线

（2）展宽脉冲。

按图 5.13 接线，取电阻 $R = 10$ kΩ，电容 $C = 0.1$ μF，二极管用 1N4148，V_{I1} 为 $V_{P-P} = 5$ V、频率 $f = 100$ Hz 左右的正脉冲，调节其脉冲宽度为窄脉冲。用示波器观察并记录 V_{I1}、V_{O1}、V_{I2}、V_{O2} 的波形，并测出脉冲宽度。

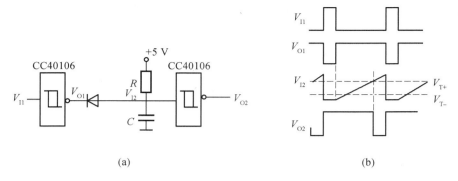

图 5.13　施密特触发器实现窄脉冲展宽电路及其波形

（3）多谐振荡器。

按图 5.14 接线，取 $R=10\ \text{k}\Omega$，$C=0.1\ \mu\text{F}$，用示波器观察并记录 V_O 的波形，并读出脉冲宽度 T_1 及 T_W。

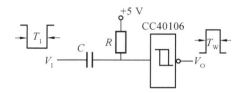

图 5.14　用施密特触发器构成的单稳态触发器

（4）单稳态触发器。

按图 5.15 接线，取电阻 $R=10\ \text{k}\Omega$，电容 $C=0.1\ \mu\text{F}$，V_I 接信号发生器的输出正脉冲，频率 $f=100\ \text{Hz}$，幅值为 5 V，调节其脉冲宽度，使其 $T_1 > T_W$，用示波器观察并记录 V_I 及 V_O 的波形，并读出脉冲宽度 T_1 及 T_W。

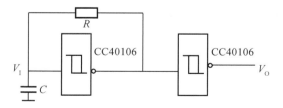

图 5.15　用施密特触发器构成的多谐振荡器

3. 实验报告要求

根据波形变换实验，画出 CC40106 相应的电压传输特性曲线。

在实验报告上绘制出所有本实验有关的输入、输出波形，简述单稳态触发器、多谐振荡器原理，写出实验结论。

任务总结

555集成定时器主要由比较器、基本RS触发器、门电路构成。基本应用形式有3种：施密特触发器、单稳态触发器和多谐振荡器。施密特触发器具有电压滞回特性，某时刻的输出由当时的输入决定，即不具备记忆功能。当输入电压处于参考电压U_{R_1}和U_{R_2}之间时，施密特触发器保持原来的输出状态不变，所以具有较强的抗干扰能力。在单稳态触发器中，输入触发脉冲只决定暂稳态的开始时刻，暂稳态的持续时间由外部的RC电路决定，从暂稳态回到稳态时不需要输入触发脉冲。多谐振荡器又称为无稳态电路。在状态的变换时，触发信号不需要由外部输入，而是由其电路中RC电路提供，状态的持续时间也由RC电路决定。

任务测试

一、选择题(18分)

1. 为了提高多谐振荡器频率的稳定性，最有效的方法是(　　)。
   A.提高电容、电阻的精度　　　　B.提高电源的稳定性
   C.采用石英晶体振荡器　　　　　D.保持环境温度不变
2. 单稳态触发器的主要用途是(　　)。
   A.整形、延时、鉴幅　　　　　　B.整形、鉴幅、定时
   C.延时、定时、整形　　　　　　D.延时、定时、存储
3. 接通电源电压就能输出矩形脉冲的电路是(　　)。
   A.施密特触发器　　　　　　　　B.单稳态触发器
   C.D触发器　　　　　　　　　　D.多谐振荡器

二、填空题(12分)

1. 施密特触发器还可利用其_____来提高电路的抗干扰能力。施密特触发器又称为_____。
2. 施密特触发器具有_____特性，某时刻的输出由_____决定，即不具备记忆功能。

三、简答题(70分)

1. 施密特触发器的电路组成与引脚图。
2. 施密特触发器电压滞回特性和主要参数。
3. 施密特触发器的主要功能。

任务评价

本学习项目的考评点、各考评点在本学习项目中所占分值比、各考评点评价方式及评价标准见表5.9。

表 5.9　施密特触发器电路评价表

序号	考评点	占分值比	评价方式	评价标准 优	评价标准 良	评价标准 及格
一	选择题（18分）	13.5%	互评+教师评价	概念清晰，三题全对	概念较为清晰，三题对两题	概念基本清晰，三题对一题
二	填空题（12分）	9%	互评+教师评价	知识点清晰，四个空全对	知识点较为清晰，四个空对三个	知识点基本清晰，四个空对两个
三	简答题（70分）	52.5%	互评+教师评价	分析非常透彻，完全正确	分析透彻，几乎完全正确	分析基本透彻，基本正确
四 项目公共考核点	工作与职业操守(30%)	7.5%	教师评价+自评+互评	安全、文明工作，具有良好的职业操守	安全、文明工作，职业操守较好	未出现违纪违规现象
	学习态度(30%)	7.5%	教师评价	学习积极性高，虚心好学	学习积极性较高	没有厌学现象
	团队合作精神(20%)	5.0%	互评	具有良好的团队合作精神，热心帮助小组其他成员	具有较好的团队合作精神，能帮助小组其他成员	能配合小组完成项目任务
	交流及表达能力(10%)	2.5%	互评+教师评价	能用专业语言正确、流利地阐述项目	能用专业语言正确、较为流利地阐述项目	能用专业语言基本正确地阐述项目，无重大失误
	组织协调能力(10%)	2.5%	互评+教师评价	能根据工作任务，对资源进行合理分配，同时正确控制、激励和协调小组活动过程	能根据工作任务，对资源进行较合理分配，同时较正确控制、激励和协调小组活动过程	能根据工作任务，对资源进行分配，同时较正确控制、激励和协调小组活动过程，无重大失误

项目5　　报警器电路的设计与制作

任务 5.5　报警器电路的设计与仿真

任务导入

报警电路可作为防盗装置,在有情况时它通过指示灯闪光和蜂鸣器鸣叫同时报警。要求指示灯闪光频率为 1~2 Hz,蜂鸣器发出间隙声响的频率约为 1 000 Hz,指示灯采用发光二极管。为了满足用户对报警响度和安装位置的要求,报警器同时发出声、光 2 种警报信号。报警器应用的场合有银行、政府机关、邮政、电信、酒店、大厦、工厂商场商铺、别墅、ATM、周界防范系统及保安服务公司等,是消防火灾自动报警系统的重要组成部分。了解、掌握报警器的工作原理及设计方法是非常必要且实用的。

任务目标

(1)掌握报警器电路的工作原理。
(2)能完成报警器电路的设计。
(3)能进行报警器电路的仿真调试并得到正确结果。

知识链接

1. 报警器概述

报警器在生活中十分常见,运用于生活的方方面面。既有仅用硬件实现的报警器,也有同时用硬件和软件实现的报警器。通过该任务,可以很好地运用课本知识于实践,同时也可以激发学生学习与专业相关的一些知识,从而扩大知识面的广度。

2. 报警器电路的组成部分

如图 5.16 所示,声光报警电路由闪光灯报警和蜂鸣器报警 2 部分组成,其中蜂鸣器报警只有在闪光灯报警状态下才可发出声音;随着闪光灯闪烁,蜂鸣器发出间隙声响。

图 5.16　报警器电路的组成部分

3. 报警器电路的工作原理

(1)报警器电路原理图。

报警器电路原理图如图 5.17 所示。声光报警电路是一种防盗装置,在有情况时它通过指示灯闪光和蜂鸣器鸣叫同时报警。要求指示灯闪光频率为 1~2 Hz,蜂鸣器发出间隙声响的频率约为 1 000 Hz,指示灯采用发光二极管。电路由 2 个 555 多谐振荡器组成,第一个振荡器的振荡频率为 1~2 Hz,第二个振荡器的振荡频率为 1 000 Hz。将第一个振荡器的输出(3脚)接到第二个振荡器的复位端(4脚)。在输出高电平时,第二个振荡器振荡;在输出低电平时,第二个振荡器停止振荡。这样,蜂鸣器将发出间隙声响。

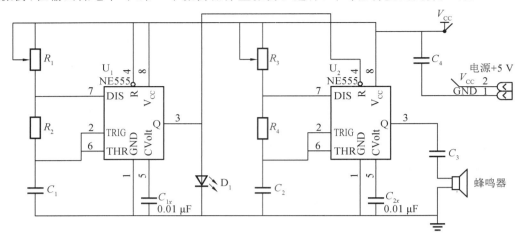

图 5.17　报警器电路原理图

(2) 报警器电路工作原理。

① 对于 C_1(控制二极管)。

通电后:V_{CC} 通过 R_1、R_2 对 C_1 进行充电,充电时间为
$$t_{w1} \approx (R_1 + R_2)C_1 \ln 2 = 0.7(R_1 + R_2)C_1$$

当电解电容电压 $V_c < \frac{1}{3}V_{CC}$ 时:$V_{O1} = 1$,$\overline{R}_D = V_{O1} = 1$,复位无效,二极管工作。

当电解电容电压 $\frac{1}{3}V_{CC} < V_c < \frac{2}{3}V_{CC}$ 时:$V_{O1}^{n+1} = V_{O1}^n$,即输出保持原状态不变,二极管工作。

当电解电容电压 $V_c > \frac{2}{3}V_{CC}$ 时:$V_{O1} = 0$,则电容 C_1 经过 R_2 放电,放电时间为
$$t_{w2} \approx R_2 C_1 \ln 2 = 0.7 R_2 C_1$$

此时 C_1 复位端 $\overline{R}_D = V_{O1} = 0$,复位有效,则 C_1 输出为低电平,二极管不工作。

② 对于 C_2(控制蜂鸣器)。

当 $\overline{R}_D = 0$ 时:V_{CC} 通过 R_3、R_4 对 C_2 进行充电,充电时间为
$$t'_{w1} \approx (R_3 + R_4)C_2 \ln 2 = 0.7(R_3 + R_4)C_2$$

当电解电容电压 $V_c < \frac{1}{3}V_{CC}$ 时:$V_{O2} = 1$,蜂鸣器工作。

当电解电容电压 $\frac{1}{3}V_{CC} < V_c < \frac{2}{3}V_{CC}$ 时:V_{O2} 保持原状态不变,蜂鸣器工作。

当电解电容电压 $V_c > \frac{2}{3}V_{CC}$ 时:$V_{O2} = 0$,C_2 通过 R_4 放电,放电时间为
$$t'_{w2} \approx R_2 C_2 \ln 2 = 0.7 R_2 C_2$$

V_c 始终在 $\frac{1}{3}V_{CC} \sim \frac{2}{3}V_{CC}$ 之间来回充电、放电,蜂鸣器就会发出固定频率的声音。

(3) 性能指标要求。

① 对于 C_1（控制二极管）。

二极管闪烁频率 $f_1 = \dfrac{1}{T_1}$

$$T_1 = t_{w1} + t_{w2} = 0.7(R_1 + 2R_2)C_1$$

式中，$0 < R_1 < 10 \text{ k}\Omega, R_2 = 2 \text{ k}\Omega, C_1 = 100 \text{ }\mu\text{F}$。

所以 $0.28 \text{ s} < T_1 < 0.98 \text{ s}, 1.02 \text{ Hz} < f_1 < 3.57 \text{ Hz}$。

② 对于 C_2（控制蜂鸣器）。

蜂鸣器发声频率 $f_2 = \dfrac{1}{T_2}$

$$T_2 = t'_{w1} + t'_{w2} = 0.7(R_3 + 2R_4)C_2$$

式中，$0 < R_3 < 20 \text{ k}\Omega, R_4 = 2 \text{ k}\Omega, C_2 = 0.1 \text{ }\mu\text{F}$。

所以 $2.8 \times 10^{-4} \text{ s} < T_2 < 1.68 \times 10^{-3} \text{ s}, 595 \text{ Hz} < f_2 < 3\,571 \text{ Hz}$。

故在调试过程中，可通过二极管闪烁频率、蜂鸣器发声频率（即音调高低）来判断待调试报警工作状态是否标准。

任务实施

1. 报警器电路的设计

选用555定时器组成多谐振荡器。整个电路由2个555定时器 IC_1、IC_2 组成，中间加有 R_5 以连接 IC_1 的3脚与 IC_2 的5脚。通过 R_5 的方波的低频加至 IC_2 的控制电压端5脚，对第二级 IC_2 进行调制。当方波为高电平时，IC_2 的振荡频率较低；而当方波为低电平时，IC_2 的振荡频率较高，扬声器会发出高低连续变化的双音。IC_2 的5脚为控制电压端，当方波加至此处时，改变了 IC_2 的内部基准电压值，从而实现了对555定时器振荡频率的控制，经 C_4 的滤波作用后，小型扬声器发出2种不同频率的"滴、嘟、滴、嘟……"的声响。

要求报警器电路输出功率为 120 mW，输出阻抗为 8 Ω。为了与 8 Ω 的输出阻抗匹配，应选用阻抗为 8 Ω 的扬声器。

IC_1 的振荡频率

$$f_1 = \dfrac{1.43}{(R_1 + R_2)C_1}$$

f_1 约为 0.7 Hz。

IC_2 的振荡频率

$$f_2 = \dfrac{1.43}{(R_3 + 2R_4)C_2}$$

f_2 约为 500 Hz。

IC_2 中，$U_C = \sqrt{PR} = 693 \text{ mV}, I_C = \sqrt{\dfrac{P}{C}} = 86.625 \text{ mA}$。

IC_1 中，$t_{pL} = 0.7 R_2 C_1, t_{pH} = 0.7(R_1 + R_2)C_1, T_1 = t_{pL} + t_{pH}, f = \dfrac{1}{T_1}$。

报警器电路的设计与仿真

振荡频率范围为高频 1 500 Hz,低频 500 Hz。由 $V_{REF} = -5$ V 得高频下周期为 0.67 ms,低频下周期为 2 ms。

2. 报警器电路的仿真

接入低电平,仿真结果如图 5.18 所示。

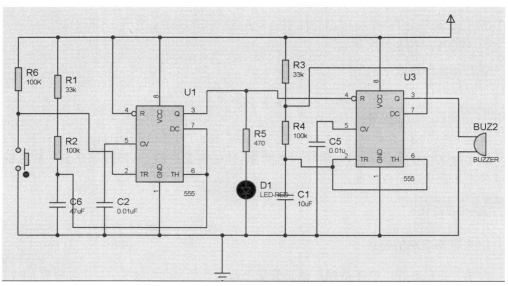

图 5.18 接低电平仿真结果(彩图见附录)

接入高电平,仿真结果如图 5.19 所示。

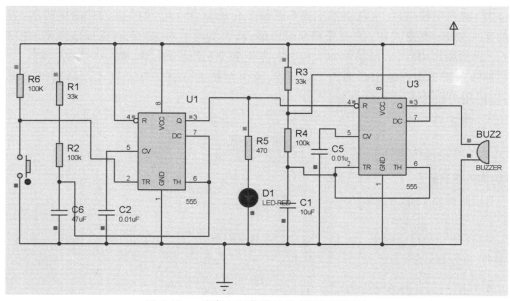

图 5.19 接高电平仿真结果(彩图见附录)

任务总结

报警器电路是生活中运用非常普遍且非常重要的电路之一。本项目设计的报警器电路是最简单的报警器电路之一,它的结构简单,容易实现。本任务完成了声光报警器的设计与仿真,通过此次设计与仿真,可以培养学生理论与应用相结合的能力,以及吃苦耐劳的工作精神。报警器可用于危险场所,通过声音和光来向人们发出警告。

任务测试

一、选择题(18 分)

1. 555 定时器构成的多谐振荡电路的脉冲频率由(　　)决定。
A.输入信号　　　　　　　　　　B.输出信号
C.电路充放电电阻及电容　　　　D.555 定时器结构

2. 多谐振荡器有(　　)。
A.两个稳态　　　　　　　　　　B.一个稳态
C.没有稳态　　　　　　　　　　D.不能确定

3. 多谐振荡器可产生的波形是(　　)。
A.正弦波　　　　　　　　　　　B.矩形脉冲
C.三角波　　　　　　　　　　　D.锯齿波

二、填空题(12 分)

1. 报警电路由_____和_____两部分组成。
2. 报警器由_____和_____来进行报警。

三、简答题(70 分)

1. 报警器电路的工作原理。
2. 报警器电路的性能指标。

任务评价

本学习项目的考评点、各考评点在本学习项目中所占分值比、各考评点评价方式及评价标准见表 5.10。

表 5.10 报警器电路的设计与仿真评价表

序号	考评点	占分值比	评价方式	评价标准		
				优	良	及格
一	选择题 （18 分）	13.5%	互评＋教师评价	概念清晰，三题全对	概念较为清晰，三题对两题	概念基本清晰，三题对一题
二	填空题 （12 分）	9%	互评＋教师评价	知识点清晰，四个空全对	知识点较为清晰，四个空对三个	知识点基本清晰，四个空对两个
三	简答题 （70 分）	52.5%	互评＋教师评价	分析非常透彻，完全正确	分析透彻，几乎完全正确	分析基本透彻，基本正确
四 项目公共考核点	工作与职业操守（30%）	7.5%	教师评价＋自评＋互评	安全、文明工作，具有良好的职业操守	安全、文明工作，职业操守较好	未出现违纪违规现象
	学习态度（30%）	7.5%	教师评价	学习积极性高，虚心好学	学习积极性较高	没有厌学现象
	团队合作精神（20%）	5.0%	互评	具有良好的团队合作精神，热心帮助小组其他成员	具有较好的团队合作精神，能帮助小组其他成员	能配合小组完成项目任务
	交流及表达能力（10%）	2.5%	互评＋教师评价	能用专业语言正确、流利地阐述项目	能用专业语言正确、较为流利地阐述项目	能用专业语言基本正确地阐述项目，无重大失误
	组织协调能力（10%）	2.5%	互评＋教师评价	能根据工作任务，对资源进行合理分配，同时正确控制、激励和协调小组活动过程	能根据工作任务，对资源进行较合理分配，同时较正确控制、激励和协调小组活动过程	能根据工作任务，对资源进行分配，同时较正确控制、激励和协调小组活动过程，无重大失误

任务 5.6　报警器电路的制作与调试

任务导入

报警器在生活中运用非常广泛,尤其在生活和工业中应用最为普遍。光敏声光报警器是传统的光学与近代电子技术相结合的产物,如今的光敏声光报警器是综合了多学科而形成的高新技术产物,是当代十分活跃的研究开发领域。为了跟上社会进步、经济发展的步伐,声光报警器正以不同的种类逐步应用在各行各业,对经济的发展有着举足轻重的作用。通过报警器电路的制作与调试任务,可以很好地将课本知识运用于实践,进而激发广大学生的创造能力,实现书本与实践的紧密结合。本任务将使用555定时器芯片制作一个报警器电路,并对报警器电路进行调试,排除电路故障。

任务目标

(1) 完成报警器电路的焊接制作。
(2) 能对焊接电路实现正确检测。
(3) 学会报警器电路的调试。
(4) 能进行报警电路故障排除。

知识链接

1. 报警器电路的制作

该电路的设计使用多孔板制作。而制作电路产品要使用焊接技术。焊接前应准备好焊接工具和材料,清洁被焊件及工作台,进行元器件的插装及导线端的处理,左手拿焊丝,右手握电烙铁,同时进入备焊状态。将电烙铁头置于焊件处加热,焊锡丝在电烙铁对侧,立即送入焊锡丝。待焊锡在焊点上全部湿润后,锡丝应略早于电烙铁移开。待焊点全部焊接完后,按照电路图用导线将各个焊点连接起来,电路就初步完成了。

将电路接入微型计算机电源(5 V),接通电源,试听扬声器声音,只能听见"滴……"的声音。接入示波器几乎只能见到一种波形,其间偶尔出现一点高频信号,电路设计的效果不好。现在取下 R_5 断开 IC_1 的 3 脚与 IC_2 的 5 脚,在 IC_2 的 5 脚接一个 0.01 μF 的电容,接通电源,用示波器观察 IC_1 和 IC_2 的输出波形。观察到的 IC_1 和 IC_2 的输出波形均为正常的矩形方波。

(1) 电路安装工艺要求。
① 元件布置必须美观、整洁、合理。
② 所有焊点应光亮、圆润。
③ 连接导线应横平竖直,连接正确,尽量不交叉;走线应美观、简洁。

(2) 元器件管脚极性。
① 三极管:保留一半高度,注意代号位置和管脚极性。

② 电容:瓷片电容保留一半高度;电解质电容垂直插到底,注意正负极性。
③ 发光二极管:分清正负极,按开孔位置固定好形状再焊。
④ 电源线:按图装配,注意正负极。

2. 报警器电路的故障排除

报警器电路的故障排除:
(1) 电源指示灯(常亮灯 LED_3)不亮,可能的原因如下:
① 供电电压不足 4.5 V。
② LED 指示灯管脚极性接反。
③ 焊接过程中有虚焊。
④ 电路线路连接、焊接错误。
(2) LED 指示灯常亮,原因可能是 555 定时器芯片 3 脚无震荡。
(3) 有震荡,但 LED 指示灯不亮,可能的原因如下:
① LED 指示灯管脚极性接反。
② LED 指示灯已损坏。
③ 焊接过程中有虚焊。
④ 电路线路连接、焊接错误。
(4) 有震荡,蜂鸣器不响,可能的原因如下:
① 蜂鸣器管脚极性接反。
② 蜂鸣器已损坏。

任务实施

1. 任务分析

报警器电路印刷电路板如图 5.20 所示。

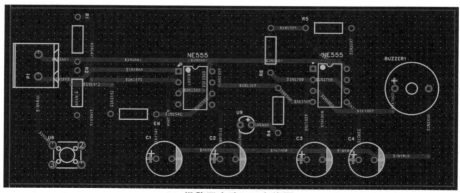

(a) 报警器电路PCB布线图

图 5.20　报警器电路印刷电路板(彩图见附录)

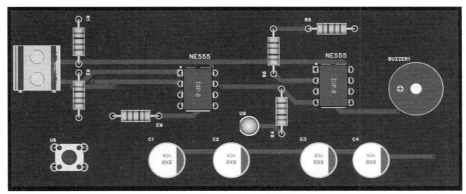

(b) 报警器电路PCB预览图

续图 5.20

由于 Proteus 的 PCB 封装中没有扬声器的封装,因此该 PCB 图中的阻抗为 8 Ω 的扬声器由 8 Ω 电阻 R_6 代替。根据以上 PCB 电路,可以制作出报警电路产品。

2. 电路装配与测试

(1)任务设备、工具、材料清单。

① 电路焊接工具:电烙铁(20～35 W)、烙铁架、焊锡丝、松香。

② 机加工工具:剪刀、尖嘴钳、斜口钳、镊子。

③ 测试仪器仪表:万用表、数字电路实验箱、逻辑测试笔。

表5.11 材料清单

类型	参数	数量
集成电路	NE555	2个
扬声器	8 Ω/0.5 W	1个
电解电容(25 V)	10 μF	1个
	100 μF	1个
电容(63 V)	0.01 μF	3个
电阻(0.25 W)	3 kΩ	1个
	7 kΩ	1个
	10 kΩ	1个
	100 kΩ	2个
总计	—	13个

(2)装配与测试步骤。

① 电路板装配步骤。

电路装配遵循"先低后高、先内后外"的原则,先安装电阻,后安装按钮、集成电路IC座,最后安装数码管。

② 电路装配工艺要求。

a.将电路所有元器件(零部件)正确安装到印制板相应位置上,采用单面焊接的方法,要求无错焊、漏焊、虚焊。

b.元器件(零部件)距印制板 0～1 mm。

c.元器件(零部件)引脚保留长度为 0.5～1.5 mm。

d.元器件面相应元器件(零部件)高度一致。

(3)电路检测与故障排除。

① 调试前先检查电路板的焊接点和焊接的线路,观察是否有短路和断路等问题,若有问题,应修正以后再进行调试。

② 将线路板的正极接实验箱+6 V接线柱,负极接地,开启电源(注意安全)。

③ 接上线路板上的 R_1 和 R_4,使发光二极管与蜂鸣器工作,观察其工作状态并及时调节电位器使其工作在正常状态(LED指示灯闪光频率应为 1～2 Hz,蜂鸣器发出间隙声响的频率应为 1 000 Hz 左右)。

任务总结

本任务完成了报警器电路的制作与调试,通过焊接对报警器元器件进行了装配,检查了线路正确性,并进行了调试与故障排除,通过报警电路线路板的制作与通电调试,使电路能够实现预期的工作要求。本任务锻炼了学生知识的综合应用及动手实践能力,培养了学生勇于实践,严肃认真、一丝不苟的工匠精神。

任务评价

本学习项目的考评点、各考评点在本项目中所占分值比、各考评点评价方式及评价标准见表 5.12。

表 5.12 报警器电路的制作与调试评价表

序号	考评点	占分值比	评价方式	评价标准		
				优	良	及格
一	要求能够正确识别元件、分析电路、了解电路参数指标	20%	教师评价+互评	能正确识别、检测555集成定时器、语言芯片等元器件,能准确地分析电路的主要功能与主要性能参数	能正确识别、检测555集成定时器、语言芯片等元器件,能完整地分析电路的主要功能与主要性能参数	能正确识别、检测555集成定时器、语言芯片等元器件,熟悉电路的主要功能

续表5.12

序号	考评点	占分值比	评价方式	评价标准		
				优	良	及格
二	操作实施	40%	教师评价+自评	焊接质量可靠,焊点规范,布局合理,仪表使用正确,能分析测试数据	焊接质量可靠,焊点较规范,布局合理,仪表使用正确	焊接质量可靠,焊点较规范,布局合理,仪表使用基本正确
三	项目总结报告	15%	教师评价	格式符合标准、内容完整、有详细的过程记录和分析,并能提出一些新建议	格式符合标准、内容完整、有一定的过程记录和分析	格式符合标准、内容较完整
四	工作与职业操守(30%)	7.5%	教师评价+自评+互评	安全、文明工作,具有良好的职业操守	安全、文明工作,职业操守较好	未出现违纪违规现象
项目公共考核点	学习态度(30%)	7.5%	教师评价	学习积极性高,虚心好学	学习积极性较高	没有厌学现象
	团队合作精神(20%)	5.0%	互评	具有良好的团队合作精神,热心帮助小组其他成员	具有较好的团队合作精神,能帮助小组其他成员	能配合小组完成项目任务
	交流及表达能力(10%)	2.5%	互评+教师评价	能用专业语言正确、流利地阐述项目	能用专业语言正确、较为流利地阐述项目	能用专业语言基本正确地阐述项目,无重大失误
	组织协调能力(10%)	2.5%	互评+教师评价	能根据工作任务,对资源进行合理分配,同时正确控制、激励和协调小组活动过程	能根据工作任务,对资源进行较合理分配,同时较正确控制、激励和协调小组活动过程	能根据工作任务,对资源进行分配,同时较正确控制、激励和协调小组活动过程,无重大失误

知识拓展

基于555定时器的温度报警器设计

1. 系统原理与功能

该温度报警器电路具有以下功能电路：

① 温度感应电路。温度感应电路可以实现将温度变化转变为电信号的功能。

② 放大电路。因为温度感应电路采集到的信号非常微弱，比较电路不能准确识别，所以使用放大电路对采集的微弱信号进行放大，以便比较电路准确地识别信号。

③ 比较电路。比较电路将接受到的温度信号与预先设定的比较信号进行逻辑比较，并且根据输入信号与预设信号的大小关系输出高、低两种信号。

④ 报警电路。报警电路在接收到比较电路高电平信号之前不工作；当比较电路输出高电平信号时，报警电路开始工作，控制蜂鸣器发出报警声。

综上所述，总体电路要分为5个部分：电源电路、温度转换电路、放大电路、比较电路、报警电路。温度报警器原理图如图5.21所示。

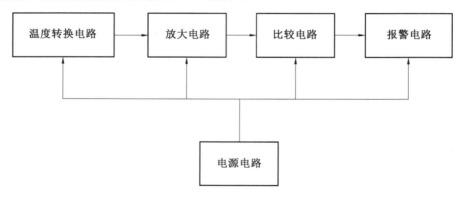

图 5.21 温度报警器原理图

2. 单元模块设计

（1）电源电路设计。

电源电路为输出电压为+5 V、输出电流为1.5 A的稳压电源。它由滤波电容C_3、防止自激电容C_4和1只固定式三端稳压器(7805)搭接而成。

在外围有12 V的直流电源情况下，电源电路不需要交直流转换部分，三端稳压器7805的输入可以直接由电源经分压电阻R_1、R_2分压后引入。电源电路原理图如图5.22所示。

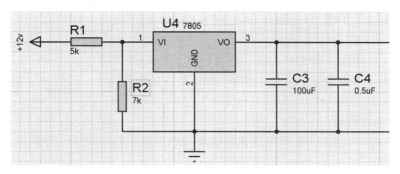

图 5.22　电源电路原理图

(2) 放大电路设计。

放大电路由一个集成放大器 LM358 与 3 个电阻 R_4、R_5、R_6 组成，LM358 由电源电路提供 +5 V 电源，有一个输入端 V_{in} 和一个输出端 V_{out}。对于 LM358 有 2、3 脚虚短路，所以有 $V_2 = V_3$，即 $V_3 = 0$；所以

$$\frac{V_{out}}{R_6} = \frac{0 - V_{in}}{R_5}$$

$$V_{out} = -\frac{R_6}{R_5} V_{in}$$

因此

$$V_{out} = -1\,000 V_{in}$$

放大电路原理图如图 5.23 所示。

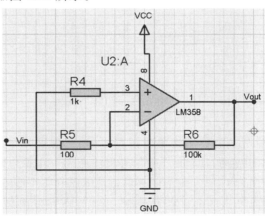

图 5.23　放大电路原理图

LM358 内部有 2 个独立的、高增益的、内部频率补偿的双运算放大器，适用于电源电压范围很宽的单电源，也适用于双电源工作模式。在推荐的工作条件下，电源电流与电源电压无关。LM358 的特性如下：

① 内部频率补偿。

② 直流电压增益高(约 100 dB)。

③ 单位增益频带宽(约 1 MHz)。

④ 电源电压范围宽：单电源(3～30 V)；双电源(±1.5～±15 V)。
⑤ 低功耗电流，低输入偏流。
⑥ 低输入失调电压和失调电流。
⑦ 共模输入和差模输入电压范围宽，等于电源电压范围。
⑧ 输出电压摆幅大（从 0 到 $V_{CC}-1.5$ V）。

（3）比较电路设计。

比较电路由一个 LM339 四电压比较器集成电路和上拉电阻 R_8、分压电阻 R_7 及一个变阻器 R_{V1} 组成。

反相端输入预设比较信号，这个比较信号可以由 R_{V1} 微调；IN 端输入采集到的信号，然后两者作比较：如果同相端电压大于反相端电压，则 OUT 端输出高电平，报警电路开始工作；如果同相端电压小于反相端电压，则 OUT 端处于低电平，报警电路不工作。比较器电路原理图如图 5.24 所示。

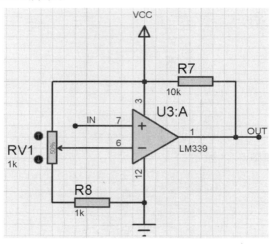

图 5.24　比较器电路原理图

（4）报警电路设计。

利用 NE555 构成多谐振荡器制作单频报警电路，当温度处于正常情况下，即发动机温度小于 90 ℃ 时，电路不驱动 NE555 产生信号发生报警。报警电路是由 1 个 555 定时器、2 个电阻 R_9、R_{10} 及 2 个电容 C_1、C_2 构成的多谐振荡电路和 1 个蜂鸣器 LS_1 组成的。

报警电路由比较电路发出的电压信号控制，当比较电路发出高电平信号时，报警电路开始工作发出报警声；当比较电路发出低电平信号时报警电路不工作，不发出报警声。报警电路原理图如图 5.25 所示。

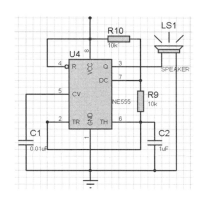

图 5.25　报警电路原理图

蜂鸣器按结构可分为电磁式蜂鸣器和压电式蜂鸣器 2 种：
① 电磁式蜂鸣器为线圈导电震动发音，特点为体积小。
② 压电式蜂鸣器为压电陶瓷片发音，特点为电流小。
蜂鸣器按内部是否有震荡电路可分为有源蜂鸣器和无源蜂鸣器 2 种。
（5）温度感应电路设计。

温度感应电路由一个负温度系数（negative temperature coefficient，NTC）热敏电阻 R_{T1} 和一个分压电阻 R_3 组成；P 端输出分压电阻 R_3 上的电压，因为 R_{T1} 的阻值会随着温度的增大而减小，所以当温度增大时，R_{T1} 分得的电压越来越小，R_3 分得的电压越来越大，P 端输出的电压就越来越大。该电路实现了产生一个随温度的增大而增大的电压信号 V_p。

温度转换电路原理图如图 5.26 所示。

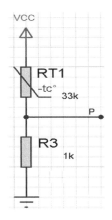

图 5.26　温度转换电路原理图

3. 系统功能

温度报警器传感部分置于被检测器件处，用于检测实时温度。电源直接由外围电源提供（为 12 V 直流电源）。报警器与警示灯安装至显示仪表处。当被检测器件工作时，器件正常工作，处于正常温度时，温度报警器处于检测阶段；当器件发生异常故障导致器件温度升高时，温度报警器将驱动报警电路开始工作，报警灯亮起并发出单频声音报警信号。温度报警器原理图如图 5.27 所示。

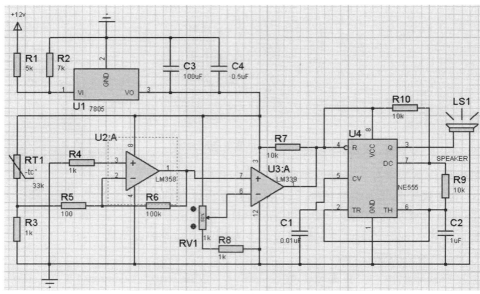

图 5.27　温度报警器原理图

项目 6 数字电子钟电路的设计与仿真

项目描述

数字电子钟是采用数字电路实现对时、分、秒数字显示的计时装置,广泛用于家庭及车站、码头、办公室等公共场所,现已成为人们日常生活中不可少的必需品。由于数字集成电路的发展和石英晶体振荡器的广泛应用,数字钟的精度远远超过老式钟表。钟表的数字化给人们的生产生活带来了极大的便利,而且大大扩展了钟表的报时功能。诸如定时自动报警、按时自动打铃、时间程序自动控制、定时广播、自动启闭路灯、定时开关烘箱、通断动力设备、各种定时电器的自动启用等,都是以钟表数字化为基础的。因此,研究数字钟及扩大其应用有着非常现实的意义。

本项目将要设计和制作一个简易的数字电子钟。本项目共包括 5 个任务,分别是时序逻辑电路、二进制计数器、十进制计数器、任意进制计数器、数字电子钟的设计与仿真。

学习目标

通过本项目的学习,要求:
(1) 培养责任意识、规范意识、科学探索精神。
(2) 了解时序逻辑电路的基本知识,熟悉时序逻辑电路的分析方法与步骤。
(3) 掌握计数器的基本构成和工作原理,能应用触发器组成二进制计数器和十进制计数器,会使用集成计数器芯片组成任意进制计数器电路。
(4) 能设计与制作简易时序逻辑电路。
(5) 掌握数字电子钟电路的设计方法。
(6) 能对数字电子钟电路进行仿真。

任务 6.1 时序逻辑电路

任务导入

数字电路通常分为组合逻辑电路和时序逻辑电路两大类。组合逻辑电路的特点是输入的变化直接反映输出的变化,其输出的状态仅取决于输入的当前状态,与输入、输出的原始状态无关。而时序逻辑电路是一种输出不仅与输入的当前状态有关,还与其输出状态的原始状态有关的电路,其相当于在组合逻辑的输入端加上了一个反馈输入,在其电路中有一个存储电路,其可以将输出的状态保持住,其输出是输入、输出前一个时刻的状态的函数。常见的时序逻辑电路有触发器、计数器、寄存器等。

任务目标

(1) 掌握时序逻辑电路的定义。
(2) 掌握时序逻辑电路的组成。
(3) 掌握时序逻辑电路的逻辑功能描述方法。
(4) 能通过分析找出时序逻辑电路的逻辑功能和工作特点。

知识链接

1. 时序逻辑电路的概述

(1) 时序逻辑电路的定义。

在数字电路中,凡是任一时刻的稳定输出状态不仅取决于该时刻的输入信号,而且还和电路原始状态有关的电路,都称为时序逻辑电路,简称时序电路。与前面介绍的组合逻辑电路相比,时序逻辑电路具有记忆功能。触发器是时序逻辑电路的基本单元。

(2) 时序逻辑电路的组成。

时序逻辑电路由组合逻辑电路和存储电路两部分组成,结构框图如图 6.1 所示。图中外部输入信号用 $X(x_1,x_2,\cdots,x_n)$ 表示;电路的输出信号用 $Y(y_1,y_2,\cdots,y_m)$ 表示;存储电路的输入信号用 $Z(z_1,z_2,\cdots,z_k)$ 表示;存储电路的输出信号和组合逻辑电路的内部输入信号用 $Q(q_1,q_2,\cdots,q_j)$ 表示。

可见,为了实现时序逻辑电路的逻辑功能,电路中必须包含存储电路,而且存储电路的输出还必须反馈到输入端,与外部输入信号一起决定电路的输出状态。存储电路通常由触发器组成。

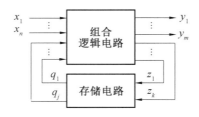

图 6.1 时序逻辑电路的结构框图

(3) 时序逻辑电路逻辑功能的描述方法。

用于描述触发器逻辑功能的方法,一般也适用于描述时序逻辑电路的逻辑功能。方法主要有以下几种:

① 逻辑表达式。

图 6.1 中几种信号之间的逻辑关系可用下列逻辑表达式来描述:

$$Y = F(X, Q^n)$$
$$Z = G(X, Q^n)$$
$$Q^{n+1} = H(Z, Q^n)$$

它们依次为输出方程、状态方程和存储电路的驱动方程。由逻辑表达式可见电路的输出 Y 不仅与当时的输入 X 有关,还与存储电路的状态 Q_n 有关。

② 状态转换真值表。

状态转换真值表反映了时序逻辑电路的输出 Y、次态 Q_{n+1} 与其输入 X、现态 Q_n 的对应关系,又称为状态转换表。状态转换表可由逻辑表达式获得。

③ 状态转换图。

状态转换图又称为状态图,是状态转换表的图形表示,它反映了时序逻辑电路状态的转换与输入、输出取值的规律。

④ 波形图。

波形图又称为时序图,是电路在时钟脉冲 CP 的作用下,电路的状态、输出随时间变化的波形。应用波形图,便于通过实验的方法检查时序逻辑电路的逻辑功能。

(4) 时序逻辑电路的分类。

① 时序逻辑电路按存储电路中的触发器是否同时动作,分为同步时序逻辑电路和异步时序逻辑电路。在同步时序逻辑电路中,所有的触发器都由同一个时钟脉冲 CP 控制,状态变化同时进行;而在异步时序逻辑电路中,各触发器没有统一的时钟脉冲信号,状态变化不是同时发生的,而是有先有后。

② 时序逻辑电路按照输出信号的不同,分为米利型电路和莫尔型电路两种。在米利型电路中,某时刻的输出信号是该时刻的输入信号和电路状态的函数;在莫尔型电路中,某时刻的输出信号仅是该时刻电路状态的函数,与该时刻的输入信号无关,如同步计数器等。

2. 时序逻辑电路的分析

分析时序逻辑电路就是找出给定时序逻辑电路的逻辑功能和工作特点。分析同步时序逻辑电路时可不考虑时钟。分析步骤如下:

① 根据给定电路写出其时钟方程、驱动方程、输出方程。

② 将各触发器的驱动方程代入相应触发器的特性方程,得出与电路相一致的状态方程。

③ 进行状态计算。把电路的输入和现态各种可能取值组合代入状态方程和输出方程进行计算,得到相应的次态和输出。

④ 列状态转换表,画状态转换图和波形图。

⑤ 用文字描述电路的逻辑功能。

任务实施

【例 6.1】 分析图 6.2 所示同步时序逻辑电路的逻辑功能。

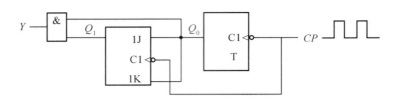

图 6.2　例 6.1 的逻辑电路

解　该电路的存储电路由一个主从 JK 触发器和一个 T 触发器构成,受统一的时钟脉冲 CP 控制,为同步时序逻辑电路。T 触发器 T 端悬空,相当于置 1。

(1) 列逻辑表达式。

输出方程及触发器的驱动方程分别为

$$Y = Q_0^n \cdot Q_1^n$$
$$T = 1, \quad J = K = Q_0^n$$

将驱动方程代入 T 触发器和 JK 触发器的特性方程,得电路的状态方程为

$$Q_0^{n+1} = \overline{Q_0^n}$$
$$Q_1^{n+1} = Q_0^n \overline{Q_1^n} + \overline{Q_0^n} Q_1^n$$

(2) 列状态转换表。

设初始状态 $Q_1 Q_0 = 00$,代入输出方程得到 $Y = 0$。在第一个时钟 CP 下降沿到来时,由状态方程计算出次态 $Q_0^{n+1} = \overline{Q_0^n} = \overline{0} = 1, Q_1^{n+1} = 0$;再以得到的次态作为新的初态代入状态方程得到下一个次态。依次类推,便可得到表 6.1 的状态转换表。

表 6.1　例 6.1 的状态转换表

现态		次态		输出
Q_1^n	Q_0^n	Q_1^{n+1}	Q_0^{n+1}	Y
0	0	0	1	0
0	1	1	0	0
1	0	1	1	0
1	1	0	0	1

(3) 画状态转换图和波形图。

状态转换图和波形图如图 6.3 所示。

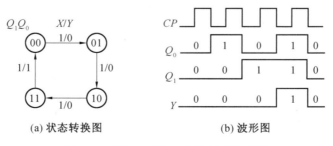

(a) 状态转换图　　(b) 波形图

图 6.3　例 6.1 的状态转换图和波形图

(4) 电路的逻辑功能。

由以上分析可知,此电路是一个二位二进制加法计数器。每出现一个时钟脉冲 CP,Q_1Q_0 的值就按二进制数加法法则加 1;当 4 个时钟脉冲作用后,又恢复到初态。而每经过这样一个周期性变化,电路就输出一个高电平。

【例 6.2】 分析图 6.4 所示异步时序逻辑电路的逻辑功能。

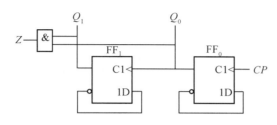

图 6.4 例 6.2 的逻辑电路

解 由于在异步时序逻辑电路中没有统一的时钟脉冲,因此,分析时必须写出时钟方程。

① 列逻辑表达式。

时钟方程:

a. $CP_0 = CP$(时钟脉冲的上升沿触发)。

b. $CP_1 = Q_0$(当 FF_0 的 Q_0 由 0 变为 1 时,Q_1 才可能改变状态,否则 Q_1 将保持原状态不变)。

输出方程及触发器的驱动方程分别为

$$Z = \overline{Q}_1^n \cdot \overline{Q}_0^n$$

$$D_0 = \overline{Q}_0^n, \quad D_1 = \overline{Q}_1^n$$

② 将驱动方程代入 D 触发器的特性方程,得电路的状态方程为

$$Q_0^{n+1} = D_0 = \overline{Q}_0^n$$

$$Q_1^{n+1} = D_1 = \overline{Q}_1^n$$

③ 列状态转换表。

表 6.2 例 6.2 的状态转换表

现态		次态		输出
Q_1^n	Q_0^n	Q_1^{n+1}	Q_0^{n+1}	Z
0	0	1	1	1
1	1	0	0	0
1	0	0	1	0
0	1	1	0	0

④ 根据状态转换表可得状态转换图与波形图,如图 5.5 所示。

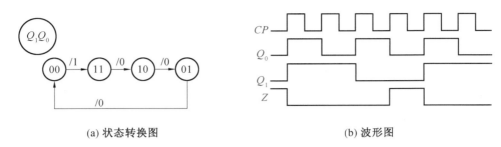

(a) 状态转换图　　　　　　　　　(b) 波形图

图 6.5　例 6.2 的状态转换图和波形图

⑤ 逻辑功能分析。

由状态图可知：该电路一共有 4 个状态：00、01、10、11，在时钟脉冲作用下，按照减规律循环变化，所以是一个二位二进制减法计数器，Z 是借位信号。

任务总结

本任务学习了时序逻辑电路的定义和逻辑电路功能分析。时序逻辑电路和组合逻辑电路不同，其任一时刻的稳定输出状态不仅与当前的输入状态有关，还与其输出状态的电路原始状态有关，也即其输出是输入及输出前一个时刻的状态的函数。它相当于在组合逻辑的输入端加上了一个反馈输入，在其电路中有一个存储电路，可以将输出的状态保持住。时序逻辑电路的基本单元是触发器。

任务测试

一、选择题(10 分)

若用 JK 触发器来实现特性方程为 $Q^{n+1} = \overline{A}Q^n + AB$，则 J、K 端的方程为(　　)。

A. $J = AB, K = \overline{\overline{A} + B}$ 　　　　　B. $J = AB, K = A\overline{B}$

C. $J = \overline{\overline{A} + B}, K = AB$ 　　　　　D. $J = A\overline{B}, K = AB$

二、判断题(30 分，正确打 √，错误打 ×)

1. 同步时序电路由组合电路和存储器两部分组成。(　　)
2. 组合电路不含有记忆功能的器件。(　　)
3. 时序电路不含有记忆功能的器件。(　　)
4. 同步时序电路具有统一的时钟脉冲 CP 控制。(　　)
5. 异步时序电路的各级触发器类型不同。(　　)
6. D 触发器的特征方程 $Q^{n+1} = D$，与 Q^n 无关，故 D 触发器不是时序电路。(　　)

三、填空题(20 分)

1. 数字电路按照是否有记忆功能通常可分为两类：_____、_____。

2. 时序逻辑电路按照其触发器是否有统一的时钟控制分为_____时序电路和_____时序电路。

四、简答题(40 分)

1. 试分析图 6.6 所示的时序电路(步骤要齐全)。

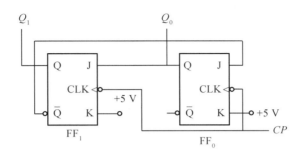

图 6.6 题 1 图

2. 试分析图 6.7 所示的时序电路(步骤要齐全)。

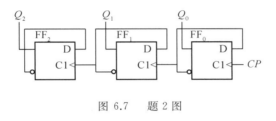

图 6.7 题 2 图

任务 6.2 二进制计数器

任务导入

在数字系统中使用最多的时序逻辑电路就是计数器。计数器不仅能用于对时钟脉冲的计数,以实现测量、计数和控制等功能,还可以用于分频、定时、产生节拍脉冲和进行数字运算等。计数器由基本的计数单元和一些控制门所组成,计数单元则由一系列具有存储信息功能的各类触发器构成。

计数器若按各个计数单元动作的次序划分,可分为同步计数器和异步计数器;若按进制方式不同划分,可分为二进制计数器、十进制计数器及任意进制计数器;若按计数过程中数字的增减划分,可分为加法计数器、减法计数器及加减均可的可逆计数器。在数字系统中,任何进制都以二进制为基础。n 位二进制计数器的最大计数容量为 $2^n - 1$。

任务目标

(1) 掌握计数器的定义。
(2) 掌握计数器逻辑电路的组成。
(3) 掌握异步二进制计数器电路的使用方法。
(4) 掌握同步二进制计数器电路的使用方法。
(5) 能正确使用触发器等元器件制作二进制计数器。

知识链接

1. 异步二进制计数器

（1）异步二进制加法计数器。

图6.8是用4个主从JK触发器组成的异步四位二进制加法计数器逻辑图。

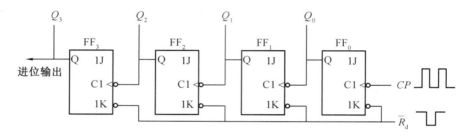

图 6.8 用JK触发器组成的异步四位二进制加法计数器逻辑图

图中各触发器的J端和K端都悬空，相当于置1，由JK触发器的真值表知，只要有时钟信号输入，触发器的状态就一定发生翻转。图中低位触发器的Q接至高位触发器的C1端，当低位触发器由1态变为0态时，Q就输出一个下降沿信号，这个信号正好作为进位输出。

计数器在工作之前，一般通过各触发器的置零端$\bar{R}_d$加入负脉冲，使计数器清0。当计数脉冲CP输入后，计数器就从$Q_3Q_2Q_1Q_0=0000$状态开始计数。

当第1个CP脉冲下降沿到达时，FF_0由0态变为1态，Q_0由0变为1，Q_1、Q_2、Q_3因没有触发脉冲输入均保持0态；当第2个CP脉冲下降沿到达时，FF_0由1态变为0态，Q_0由1变为0，所产生的脉冲负跳变使FF_1随之翻转，Q_1由0变为1。但Q_1端由0变为1的正跳变无法使FF_2翻转，故Q_2、Q_3均保持0态。

依次类推，每输入1个计数脉冲，FF_0翻转一次；每输入2个计数脉冲，FF_1翻转一次；每输入15个计数脉冲后，计数器的状态为"1111"。显然，计数器所累计的输入脉冲数可用下式表示：

$$N = Q_3 \times 2^3 + Q_2 \times 2^2 + Q_1 \times 2^1 + Q_0 \times 2^0$$

第16个脉冲作用后，4个触发器均复位到0态。从第17个CP脉冲开始，计数器又进入新的计数周期。可见1个四位二进制计数器共有$2^4=16$个状态，所以四位二进制计数器可组成一位十六进制计数器。由于各触发器的翻转时刻不同，所以这种计数器又称为异步计数器。四位二进制加法计数器状态表见表 6.3。

表 6.3　四位二进制加法计数器状态表

输入脉冲序号	Q_3	Q_2	Q_1	Q_0
0	0	0	0	0
1	0	0	0	1
2	0	0	1	0
3	0	0	1	1
4	0	1	0	0
5	0	1	0	1
6	0	1	1	0
7	0	1	1	1
8	1	0	0	0
9	1	0	0	1
10	1	0	1	0
11	1	0	1	1
12	1	1	0	0
13	1	1	0	1
14	1	1	1	0
15	1	1	1	1

各级触发器的状态可用图 6.9 的波形图表示。由图示波形可以看出，每个触发器状态波形的频率为其相邻低位触发器状态波形频率的 $\frac{1}{2}$，即对输入脉冲进行二分频。所以，相对于计数输入脉冲而言，FF_0、FF_1、FF_2、FF_3 的输出脉冲分别是二分频、四分频、八分频、十六分频。由此可见 n 位二进制计数器具有 2^n 分频功能，可作分频器使用。

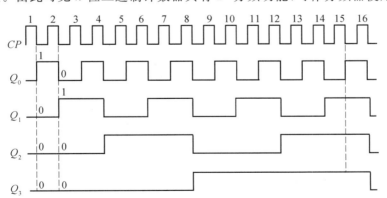

图 6.9　各级触发器的波形图

用 D 触发器也可以组成异步二进制加法计数器。图 6.10 就是用维持阻塞型 D 触发器组成的异步四位二进制加法计数器。其逻辑功能分析与图 6.8 所示计数器相同。

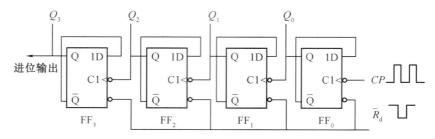

图 6.10　用维持阻塞型 D 触发器组成的异步四位二进制加法计数器

（2）异步二进制减法计数器。

减法计数器按照二进制减法规则进行计数。四位二进制减法计数规则见表 6.4。

表 6.4　四位二进制减法计数规则

输入脉冲序号	Q_3	Q_2	Q_1	Q_0
0	0	0	0	0
1	1	1	1	1
2	1	1	1	0
3	1	1	0	1
4	1	1	0	0
5	1	0	1	1
6	1	0	1	0
7	1	0	0	1
8	1	0	0	0
9	0	1	1	1
10	0	1	1	0
11	0	1	0	1
12	0	1	0	0
13	0	0	1	1
14	0	0	1	0
15	0	0	0	1

构成减法计数器要满足下列条件：

① 每接收一个计数脉冲，最低位的触发器要翻转一次。

② 低位触发器由 0 变为 1 时，要向相邻高位触发器产生一个阶跃脉冲作为借位信号。该阶跃脉冲可作为高位触发器的计数脉冲 CP 的信号。

用 JK 触发器组成的四位二进制减法计数器和工作波形如图 6.11 所示。除最低位触发器由计数脉冲触发外，其他各级触发器均由相邻低位的触发器输出信号触发。当计数脉冲输入时，计数器里所存的数依次减少。

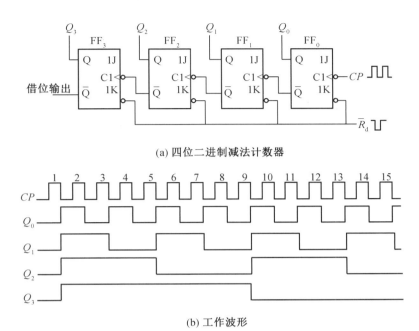

图 6.11 JK 触发器组成的四位二进制减法计数器和工作波形

2. 同步二进制计数器

(1) 同步二进制加法计数器。

异步二进制计数器结构简单,但由于触发器的翻转逐级进行,因而计数速度较低。若使计数器状态转换时,将所有需要翻转的触发器同时翻转,则可以提高计数速度,即同步计数器。

同步计数器的特点是:计数脉冲要同时加到各级触发器的 CP 输入端,所以在计数过程中,应该翻转的触发器是同时翻转的,不需要逐级推移。因而同步计数器的稳定时间只取决于单级触发器的翻转时间(与位数多少无关),计数速度快。计数脉冲要同时加到各级触发器的 CP 输入端就要求给出计数脉冲的电路具有较大的驱动能力;而且一般同步计数器电路比同功能异步计数器电路复杂。

下面以同步四位二进制加法计数器为例说明其计数原理。

利用四位加法计数器的状态表(即表 6.3),可以找到构成同步四位二进制加法计数器的方法。由表可知,最低位触发器每输入一个计数脉冲翻转一次,其他触发器都是在其所有低位触发器输出端 Q 全为 1 时,在下一个计数脉冲触发沿到来时翻转。若采用主从 JK 触发器,则可得到 4 个触发器 J、K 端的逻辑表达式为

$$J_0 = K_0 = 1$$
$$J_1 = K_1 = Q_0$$
$$J_2 = K_2 = Q_1 Q_0$$
$$J_3 = K_3 = Q_2 Q_1 Q_0$$

以上讨论的是四位加法计数器,如果位数更多,控制进位的规律可以依次类推。第 n 位触发器的 J、K 端逻辑表达式应为

$$J_n = K_n = Q_{n-1} \cdots Q_1 Q_0$$

由此得到同步四位二进制加法计数器的一种连接方式,逻辑图如图 6.12 所示。各触发器受同一计数脉冲 CP 的控制,其状态翻转与 CP 脉冲同步,显然它比异步计数器的计数速度快。

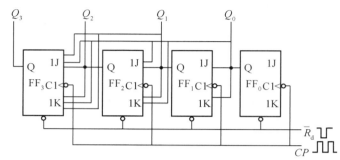

图 6.12　同步四位二进制加法计数器逻辑图

(2) 同步二进制减法计数器。

利用二进制减法计数规则,可得到构成同步二进制减法计数器的方法。由表 6.4 可知:实现减法计数要求最低位触发器每输入一个计数脉冲翻转一次,其他触发器都是在其所有低位触发器输出端 Q 全为 0 时,在下一个计数脉冲触发沿到来时翻转。因此,只要将图 6.12 所示的二进制加法计数器的输出由 Q 端改为 $\overline{Q}$ 端,便构成了同步四位二进制减法计数器。

(3) 同步二进制可逆计数器。

同步二进制可逆计数器是在加法计数器和减法计数器的基础上,再设置一些控制电路而组成的,它兼具加、减两种功能。

图 6.13 是一个并行进位同步二进制可逆计数器的逻辑图,进位控制方式是并行的。由两级与非门进行级间转换,同时完成并行进位功能。

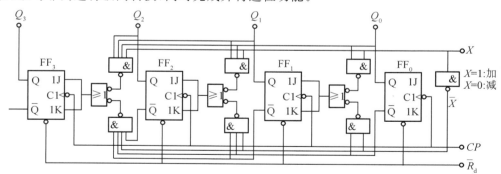

图 6.13　并行进位同步二进制可逆计数器逻辑图

当 $X = 1$ 时,下面 3 个与非门关闭,切断了后级触发器(高位) J、K 端与前级触发器(低位) $\overline{Q}$ 端的连接;同时上面 3 个与非门打开,将后级触发器的 J、K 端与前级触发器的 Q

端相连,计数器便可递增计数。

当 $X=0$ 时,下面 3 个与非门打开,各触发器的 J、K 端有(其中,$FF_n(n=1,2,3,\cdots)$ 的 J 端用 J_n 表示,K 端用 K_n 表示,后同)

$$J_0 = K_0 = 1$$
$$J_1 = K_1 = \bar{Q}_0$$
$$J_2 = K_2 = \bar{Q}_1 \bar{Q}_0$$
$$J_3 = K_3 = \bar{Q}_2 \bar{Q}_1 \bar{Q}_0$$

即当控制端 $X=0$ 时,进行递减计数。

可见,可逆计数器是通过控制端 X 的高、低电平实现加、减计数的。

综上所述:对 n 位二进制计数器要有 n 个触发器,它共有 2^n 个状态,这种计数器可统称为 2^n 模的计数器(或模 2^n 计数器),其计数容量为 2^{n-1}。

任务实施

二进制计数器的制作方式如下。

1. 操作目的

(1) 熟悉二进制计数器电路的组成、工作原理与功能。
(2) 掌握二进制计数器电路的设计、测试与制作方法。
(3) 熟悉实验室数字电路实验设备的结构、功能与使用方式。

2. 实验设备与器材

JK 触发器,七段 BCD 数码管显示器,数字电路仿真实验仪,带 Proteus 软件的计算机,导线,万能板,焊接工具。

3. 任务实施内容与步骤

(1) 电路设计与仿真。

① 计数电路设计。如图 6.14 所示,异步二进制计数器电路由 4 个 JK 触发器构成,它们的 J、K 端全接高电平,前一级的输出作为后一级的时钟信号。

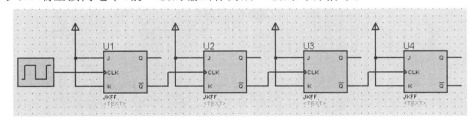

图 6.14 异步二进制计数器电路

② 输出显示电路设计。如图 6.15 所示,计数器的 4 个触发器输出端 $Q_3 Q_2 Q_1 Q_0$ 所组成的二进制数在 0000～1111 变化,输出到七段 BCD 数码管显示 0～F,数码管的最左端

是最高位，依次和各触发器的输出端 Q 相连。每输入一个脉冲，计数器加 1。

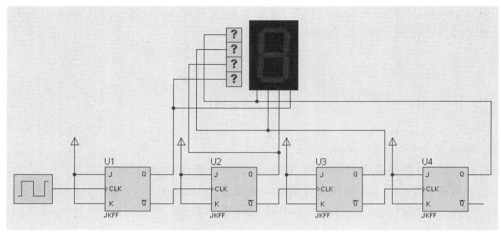

图 6.15　加上逻辑电平探测器和七段数码管后的电路

③ 电路仿真。使用 Proteus 软件进行电路仿真，按图 6.15 用 Proteus 软件画出电路原理图，为了观察计数器计数的动态过程，在每个触发器的输出端 Q 连接一个逻辑电平探测器，能够显示 0 和 1。把 LOGICPROBE(BIG) 元件拖到图形编辑区内，连续双击鼠标 3 次，得到 4 个逻辑探测器，分别接到每个 JK 触发器的输出端 Q 上。最后一个触发器为最高位（MSB）。

按下仿真运行按钮，仿真效果如图 6.16 所示。4 个逻辑探测器组成的四位二进制数在 0000～1111 变化，而七段数码管则显示 0～F。另外我们还观察到每个器件的连线端都有红、蓝两色小方块来显示该端的电平变化，红色为高电平，蓝色为低电平。此时计数器计到 14，显示 E。

（2）电路装配与测试。

将电路元件按图 6.16 的连线焊接在万能电路板上。接通电源，观察七段数码管显示情况是否符合设计值。

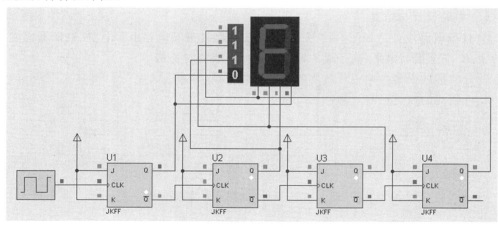

图 6.16　异步二进制计数器电路仿真（彩图见附录）

4. 总结任务完成情况,撰写任务实施报告

5. 任务反思

(1) 如何完成十进制或八进制计数器?
(2) 同步二进制计数器电路的接法与本实验有何异同?

任务总结

本任务学习了二进制计数器的逻辑功能和电路设计制作。计数器在数字系统中主要用来对脉冲的个数进行计数,以实现测量、计数和控制的功能,同时兼具分频功能。计数器由基本的计数单元和一些控制门组成,计数单元则由一系列具有存储信息功能的各类触发器构成,这些触发器有 RS 触发器、T 触发器、D 触发器及 JK 触发器等。计数器在数字系统中应用广泛,如在电子计算机的控制器中对指令地址进行计数,以便顺序取出下一条指令;在运算器中作乘法、除法运算时记下加法、减法次数;在数字仪器中对脉冲进行计数等。

任务测试

一、选择题(30 分)

1. 同步计数器和异步计数器相比,同步计数器的显著优点是(   )。
   A.工作速度快   B.触发器利用率高
   C.电路简单   D.不受时钟脉冲 CP 控制。
2. N 个触发器可以构成最大计数长度(进制数)为(   )的计数器。
   A.N B.$2N$ C.N^2 D.2^N
3. 用二进制异步计数器从 0 开始作加法,计到十进制数的 178,最少需要(   )个触发器。
   A.2   B.6   C.7   D.8   E.10

二、判断题(20 分,正确打 √,错误打 ×)

1. 计数器的模是指构成计数器的触发器的个数。(   )
2. 计数器的模是指输入脉冲的个数。(   )

三、简答题(50 分)

构成减法计数器要满足什么条件?

任务 6.3　十进制计数器

任务导入

在数字系统中最基础的计数器是二进制计数器,它具有电路结构简单、运算方便等特点。但是与我们日常生活中经常接触的十进制不同,二进制计数器用的是 0 和 1 组成的二进制计算,读数时不太方便,尤其是当二进制数的位数较多时,阅读非常困难。所以为了方便日常使用,需要在数字电路中使用十进制计数器。

任务目标

(1)掌握十进制计数器逻辑电路的组成。
(2)掌握十进制计数器的工作原理。
(3)掌握异步十进制计数器电路的使用方法。
(4)掌握同步十进制计数器电路的使用方法
(5)能正确使用触发器等元器件制作十进制计数器。

知识链接

1. 十进制计数器的原理

二进制计数器结构简单,但是读数不便,有些场合需要采用十进制计数器,以便译码显示输出。十进制计数器通常是在四位二进制计数器的基础上经过修改得到的。在十进制计数体制中,每位数都可能是 0～9 这 10 个数码中的任意一个,且"逢十进一"。根据计数器的构成原理,必须由 4 个触发器的状态来表示 1 位十进制数的 4 位二进制编码。而 4 位二进制编码总共有 16 个状态,所以必须去掉其中的 6 个状态;至于去掉哪 6 个状态,可有不同的选择。这里考虑去掉 1010～1111 这 6 个状态,即采用 8421BCD 码的编码方式,用 4 位二进制数的 0000～1001 代表十进制中的每一个数,状态表见表 6.5。

表 6.5　十进制计数器状态表

CP	计数器状态			
	Q_3	Q_2	Q_1	Q_0
0	0	0	0	0
1	0	0	0	1
2	0	0	1	0
3	0	0	1	1
4	0	1	0	0
5	0	1	0	1
6	0	1	1	0

续表6.5

CP	计数器状态			
	Q_3	Q_2	Q_1	Q_0
7	0	1	1	1
8	1	0	0	0
9	1	0	0	1
10	0	0	0	0

2. 8421BCD 码异步十进制加法计数器

图 6.17 是由 4 个 JK 主从触发器构成的异步十进制加法计数器的逻辑电路。

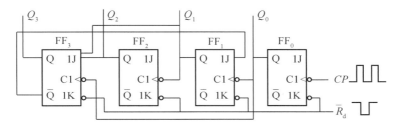

图 6.17 异步十进制加法计数器的逻辑电路

(1) 电路结构。

异步十进制加法计数器结构由 4 个 JK 主从触发器组成,其中 FF_0 始终处于计数状态。Q_0 同时触发 FF_1 和 FF_3,Q_3 反馈到 J_1,Q_2Q_1 作为 J_3 端信号。

电路工作过程:由逻辑图可知,在 FF_3 翻转以前,即从状态 0000 到状态 0111 为止,各触发器翻转情况与异步二进制递增计数器相同。第 8 个脉冲输入后,4 个触发器状态为 1000,此时 $Q_3=0$,下一个 FF_0 来的负阶跃电压不能使 FF_1 翻转。因而在第 10 个脉冲输入后,触发器状态由 1001 变为 0000,而不是 1010,从而使 4 个触发器跳过 1010~1111 这 6 个状态而复位到原始状态 0000;当第 10 个脉冲作用后,产生进位输出信号 $C_0=Q_3Q_0$。

(2) 电路工作原理。

使用状态方程分析法分析异步十进制加法计数器电路,首先列出各触发器驱动方程:

$$J_0 = K_0 = 1$$
$$J_1 = \overline{Q}_3 Q_0, \quad K_1 = Q_0$$
$$J_2 = K_2 = Q_1 Q_0$$
$$J_3 = Q_2 Q_1 Q_0, \quad K_3 = Q_0$$

触发器在异步工作时,若有 CP 触发沿输入,其状态由特征方程确定,否则维持原态不变。这时触发器的特征方程可变为 $Q_{n+1}=(JQ_n+KQ_n)CP\downarrow+Q_nCP\downarrow$,其中 $CP\downarrow=1$ 表示有 CP 触发沿加入,$CP=0$ 表示没有 CP 触发沿加入。所以可以写出以下状态方程:

$$Q_0^{n+1} = \overline{Q}_0^n CP_0 \downarrow + Q_0^n \overline{CP_0} \downarrow$$
$$Q_1^{n+1} = \overline{Q}_3^n \overline{Q}_1^n CP_1 \downarrow + Q_1^n \overline{CP_1} \downarrow$$
$$Q_2^{n+1} = \overline{Q}_2^n CP_2 \downarrow + Q_2^n \overline{CP_2} \downarrow$$
$$Q_3^{n+1} = \overline{Q}_3^n Q_2^n Q_1^n CP_3 \downarrow + Q_3^n \overline{CP_3} \downarrow$$

根据以上状态方程,即可列出计数器的状态转换表,见表 6.6。

表 6.6　异步十进制加法计数器的状态转换表

状态序列 S	Q_3	Q_2	Q_1	Q_0	对应的十进制数
0	0	0	0	0	0
1	0	0	0	1	1
2	0	0	1	0	2
3	0	0	1	1	3
4	0	1	0	0	4
5	0	1	0	1	5
6	0	1	1	0	6
7	0	1	1	1	7
8	1	0	0	0	8
9	1	0	0	1	9
10	0	0	0	0	0

3. 同步十进制加法计数器

图 6.18 是同步十进制加法计数器的逻辑电路。

(1) 电路结构。

如图 6.18 所示,由 4 个主从 JK 触发器组成,各触发器共用一个计数脉冲,是同步时序逻辑电路。

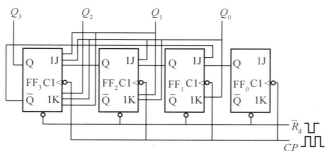

图 6.18　同步十进制加法计数器逻辑电路

(2) 工作原理。

各触发器驱动方程如下：

$$J_0 = K_0 = 1$$
$$J_1 = \overline{Q_3}Q_0, \quad K_1 = Q_0$$
$$J_2 = K_2 = Q_1 Q_0$$
$$J_3 = Q_2 Q_1 Q_0, \quad K_3 = Q_0$$

将驱动方程代入 JK 触发器特征方程，得状态转换方程

$$Q_0^{n+1} = \overline{Q_0^n} CP \downarrow$$
$$Q_1^{n+1} = (\overline{Q_3^n}\ \overline{Q_1^n}Q_0^n + Q_1^n\ \overline{Q_0^n})\overline{CP} \downarrow$$
$$Q_2^{n+1} = (\overline{Q_2^n}Q_1^n Q_0^n + Q_2^n\ \overline{Q_1^n}\ \overline{Q_0^n})\overline{CP} \downarrow$$
$$Q_3^{n+1} = (\overline{Q_3^n}Q_2^n Q_1^n Q_0^n + Q_3^n\ \overline{Q_0^n})\overline{CP} \downarrow$$

由于各触发器共用一个时钟脉冲，故上式中的 CP 可忽略不写。

(3) 列状态转换表。

设计数器状态为 $Q_3 Q_2 Q_1 Q_0 = 0000$，根据状态方程可列出状态转换真值表，该表与表 6.6 相同（不包括 CP 部分）。所以该电路是 8421BCD 码同步十进制加法计数器。

任务实施

1. 操作目的

(1) 熟悉十进制计数器电路的组成、工作原理与功能。
(2) 掌握十进制计数器电路的设计、测试与制作方法。
(3) 熟悉实验室数字电路实验设备的结构、功能与使用方法。

2. 实验设备与器材

二进制计数器 74LS161 芯片，七段共阳极数码管显示器，74LS47 译码器，与非门 74LS00，非门 74LS04，带 Proteus 软件的计算机，导线，万能板，焊接工具。

3. 任务实施内容与步骤

(1) 电路设计与仿真。

① 计数电路设计。电路设计如图 6.19 所示，十进制计数器电路由二进制计数器 74LS161、与非门 74LS00、非门 74LS04 构成。原本计数器 74LS161 的 4 个触发器输出端 $Q_3 Q_2 Q_1 Q_0$ 所组成的二进制数从 0000 到 1111 变化，成十六进制计数器。这里 $Q_3 Q_0$ 通过 74LS00 相与，当输出状态为 1010 时，74LS161 清零，重新开始循环，这样去掉 1010～1111 这 6 个状态，即采用 8421BCD 码的编码方式，用 4 位二进制数的 0000～1001 代表十进制数中的 0～9，组成了十进制计数电路。

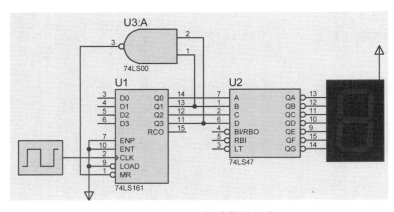

图 6.19　十进制计数器电路

②电路仿真。使用 Proteus 软件进行电路仿真,按图 6.19 用 Proteus 软件画出电路原理图,按下仿真运行按钮,仿真效果如图 6.20 所示。74LS161 组成的 4 位二进制数从 0000 到 1001 变化,而七段数码管则显示 0～9。

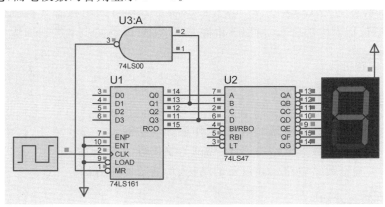

图 6.20　十进制计数器电路仿真(彩图见附录)

(2) 电路装配与测试。

将电路元件按图 6.20 的连线焊接在万能电路板上。接通电源,观察七段数码管显示情况是否符合设计值。

4. 总结任务完成情况,撰写任务实施报告

5. 任务反思

如何用集成十进制计数器芯片完成二十四进制计数器?

任务总结

本任务学习了十进制计数器的逻辑功能和电路设计与制作。计数器在数字系统中主要是对脉冲的个数进行计数,以实现测量、计数和控制的功能。二进制计数器是计数器的

基础,其电路结构简单、运算方便,但是日常生活中我们所接触的数大部分都是十进制数,特别是当二进制数的位数较多时,阅读非常困难,所以十进制计数器在日常生活中的应用也十分重要。十进制计数器通常是在四位二进制计数器的基础上经过修改得到,它跳过了 1010～1111 这 6 个状态,采用 8421BCD 码的编码方式,用 4 位二进制数的 0000～1001 代表十进制数中的每一个数。

任务测试

一、选择题(20 分)

1. 十进制计数器 74LS160 先预置数码 1001,经过 6 个时钟脉冲作用后的值为( )。
   A.0100　　　　　B.0101　　　　　C.1104　　　　　D.0000
2. 一个十进制计数器,最少要由( )个触发器组成。
   A.2　　　　　　B.3　　　　　　C.4　　　　　　D.5

二、判断题(10 分,正确打 √,错误打 ×)

十进制计数器最高位输出的周期是输入 CP 脉冲周期的 10 倍。( )

三、填空题(10 分)

一个计数器的状态变化为 111→110→101→100→011→010→110,则该计数器是_____进制_____法计数器。

四、简答题(60 分)

请画出由二进制计数器 74LS161、与非门 74LS00、非门 74LS04 构成的十进制计数器的电路图,并简述电路的工作过程。

任务 6.4　任意进制计数器

任务导入

集成计数器具有功能完善、通用性强、功耗低、工作速度快、功能可扩展等优点,应用非常广泛。目前应用最多、性能较好的是高速 CMOS 集成计数器,其次是 TTL 计数器。由于定型产品的种类有限,就计数进制而言,在集成计数器中,只有二进制计数和十进制计数两大系列。因此,学习集成计数器,必须掌握用已有的计数器芯片构成其他任意进制计数器的连接方法。

任务目标

(1)掌握集成计数器逻辑电路的组成。

(2)能使用二进制计数器和十进制计数器等元器件构成任意进制计数器。
(3)掌握寄存器的功能和使用方法。
(4)掌握顺序脉冲发生器电路的使用方法。

知识链接

1. 集成同步计数器

集成同步计数器电路复杂,但计数速度快,多用于计算机电路。目前生产的集成同步计数器芯片分为集成同步二进制加法计数器芯片和集成同步十进制加法计数器芯片两种。

(1)集成同步二进制计数器。

中规模同步四位二进制加法计数器 74LS161 具有计数、保持、预置、清零功能。图 6.21 是 74LS161 的逻辑符号和外引脚排列图。

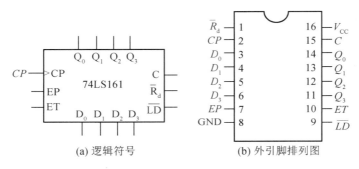

图 6.21 74LS161 的逻辑符号和外引脚排列图

图中 $\overline{LD}$ 为同步置数控制端,$\overline{R}_d$ 为异步置 0 控制端,EP 和 ET 为计数控制端,$D_0 \sim D_3$ 为并行数据输入端,$Q_0 \sim Q_3$ 为输出端,C 为进位输出端。表 6.7 为 74LS161 功能表。

表 6.7 74LS161 **功能表**

输入									输出				说明
$\overline{R}_d$	$\overline{LD}$	EP	ET	CP	D_3	D_2	D_1	D_0	Q_3	Q_2	Q_1	Q_0	
0	×	×	×	×	×	×	×	×	0	0	0	0	异步清零
1	0	×	×	↑	A	B	C	D	A	B	C	D	同步并行置数
1	1	1	1	↑	×	×	×	×	计数				计数
1	1	0	×	×	×	×	×	×	Q_3	Q_2	Q_1	Q_0	保持
1	1	×	0	×	×	×	×	×	Q_3	Q_2	Q_1	Q_0	保持

由表可知 74LS161 有如下功能:

① 异步清零。当 $\overline{R}_d = 0$ 时,输出端清零,与 CP 无关。

② 同步并行置数。当 $\overline{R}_d = 1$、$\overline{LD} = 0$ 时,在输入端 $D_3 D_2 D_1 D_0$ 预置某个数据,则在 CP 脉冲上升沿的作用下,就将输入端的数据置入计数器。

③ 保持。当 $\overline{R}_d=1$，$\overline{LD}=1$ 时，只要 EP 和 ET 中有一个为低电平，计数器就处于保持状态。在保持状态下，CP 不起作用。

④ 计数。当 $\overline{R}_d=1$，$\overline{LD}=1$，$EP=ET=1$ 时，电路为四位二进制加法计数器。当计到 1111 时，进位输出端 C 送出进位信号（高电平有效），即 $C=1$。

(2) 集成同步十进制加法计数器。

集成同步十进制加法计数器 74LS160 的管脚图和功能表与 74LS161 基本相同，唯一不同的是 74LS160 是十进制计数器，而 74LS161 是二进制计数器。

(3) 集成计数器 74LS290。

图 6.22 是二—五—十进制集成计数器 74LS290 的逻辑符号和外引脚排列图。它兼具二进制计数、五进制计数和十进制计数 3 种计数功能。当进行十进制计数时，其又有 8421BCD 码和 5421BCD 码选用功能。表 6.8 是 74LS290 的功能表。

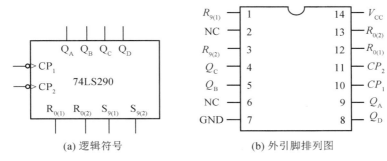

图 6.22 74LS290 的逻辑符号和外引脚排列图

表 6.8 74LS290 的功能表

输入				输出			
$R_{0(1)}$	$R_{0(2)}$	$S_{9(1)}$	$S_{9(2)}$	Q_D	Q_C	Q_B	Q_A
1	1	0	×	0	0	0	0
1	1	×	0	0	0	0	0
×	×	1	1	1	0	0	1
×	0	×	0	计数			
0	×	0	×				
0	×	×	0				
×	0	0	×				
外部接线	① 将 Q_A 接 CP_2，执行 8421BCD 码。 ② 将 Q_D 接 CP_1，执行 5421BCD 码。						

由表可知，74LS290 具有如下功能：

① 异步清 0。当 $R_{0(1)}=R_{0(2)}=1$ 且 $S_{9(1)}$ 或 $S_{9(2)}$ 中任一端为 0 时，计数器清零，即 $Q_DQ_CQ_BQ_A=0000$。

② 异步置 9。当 $S_{9(1)}=S_{9(2)}=1$ 时，计数器置 9，即 $Q_DQ_CQ_BQ_A=1001$。

③ 计数。当 $R_{0(1)}$、$R_{0(2)}$ 和 $S_{9(1)}$、$S_{9(2)}$ 均至少有一个为低电平时,计数器处于计数工作状态。

计数时有以下 4 种情况:

a. 若计数脉冲由 CP_1 输入,从 Q_A 输出,则构成一位二进制计数器。

b. 若计数脉冲由 CP_2 输入,从 $Q_D Q_C Q_B$ 输出,则构成五进制计数器。

c. 若将 Q_A 接 CP_2,计数脉冲由 CP_1 输入,输出从高位到低位为 $Q_D Q_C Q_B Q_A$ 时,则构成 8421BCD 码十进制计数器。

d. 若将 Q_D 接 CP_1,计数脉冲由 CP_2 输入,输出从高位到低位为 $Q_D Q_C Q_B Q_A$ 时,则构成 5421BCD 码十进制计数器。

在二一五一十进制的基础上,利用反馈控制置 0 或置 9 的方法,将 Q_D、Q_C、Q_B、Q_A 与 $R_{0(1)}$、$R_{0(2)}$ 和 $S_{9(1)}$、$S_{9(2)}$ 做适当连接,可得到 2～10 这 9 种进制的计数中的任意一种。

2. 顺序脉冲发生器

在数字系统中,经常要求系统按照规定的时间顺序进行一系列的操作,这就要求控制部分能给出在时间上有一定先后顺序的脉冲信号,以便协调各部分按顺序动作。产生顺序脉冲信号的电路称为顺序脉冲发生器。可以用计数器和译码器组成顺序脉冲发生器。图 6.23 为由 74LS161(四位同步二进制加法计数器)和 74LS138(3 线－8 线译码器)组成的顺序脉冲发生器,它在每个计数循环中能给出 8 个顺序脉冲。

由图可见,当 CP 脉冲连续不断输入时,计数器 74LS161 的状态 $Q_3 Q_2 Q_1 Q_0$ 将按 0000～1000 的顺序循环,低 3 位 $Q_2 Q_1 Q_0$ 按 000→001→010→011→100→101→110→111→000 的顺序循环。用低 3 位的输出作为 74LS138 的输入,因此译码器的 8 个输出端 $\overline{Y}_0 \sim \overline{Y}_7$ 也将不停地发出低电平脉冲。这样,我们就得到了一组 $Z_0 \sim Z_7$ 的顺序脉冲,电压波形图如图 6.24 所示。

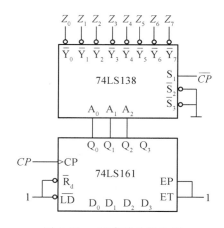

图 6.23 顺序脉冲发生器

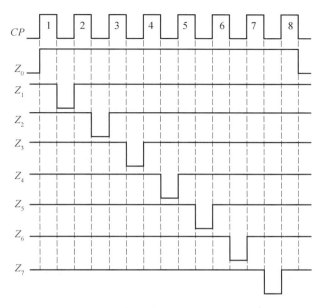

图 6.24　顺序脉冲发生器的电压波形图

3. 寄存器

具有接收、暂存和传送二进制数码功能的逻辑部件称为寄存器。寄存器是计算机的主要部件之一,它用来暂时存放数据或指令,且移位寄存器还具有移位功能。寄存器被广泛地用于各类数字系统和数字计算机中,其已被制成了系列产品,供用户选择。寄存器由具有记忆功能、可以寄存数码的触发器与控制电路构成。由于 1 个触发器可存放 1 位二进制数码,因此存放 n 位数码就需要 n 个触发器。

(1) 数码寄存器。

存放数码的组件称为数码寄存器,简称寄存器。它只具有接收、暂存和清除原有数码的功能。图 6.25 是由 4 个 D 触发器组成的四位数码寄存器。4 个触发器的时钟脉冲输入端连在一起实行同步控制。$D_0 \sim D_3$ 是并行数据输入端,$Q_0 \sim Q_3$ 是并行数据输出端。

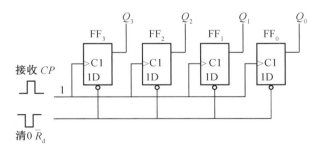

图 6.25　D 触发器组成的四位数码寄存器

例如,要存入数码 1011,则寄存器的 4 个输入端 $D_3 D_2 D_1 D_0$ 应置为 1011,当 CP 脉冲上升沿出现时,触发器的输出端 $Q_3 Q_2 Q_1 Q_0$ 就变为 1011,于是这 4 位二进制数码便同时存入4个触发器;当外部电路需要这组数据时,可从$Q_3Q_2Q_1Q_0$端读出。在下一个寄存指令到达之前,数码将一直保存在寄存器中,故它又称为锁存器。因为D触发器的状态由其D端的电平来决定,所以接收数码前可以不用清零。若要求清除寄存器中原有数码,可在清零端$\bar{R}_d$加一负脉冲,使各触发器置0态。

寄存器接收数码时是同时输入,输出数码时也是同时输出,所以这种寄存方式称为并行输入、并行输出。

常用的中规模集成数码寄存器有四位、八位等多种类型。例如,四位数码寄存器有T1175、T4175等,八位数码寄存器有T4373、T4377等。图6.26是带有清除端的四位数码寄存器74LS175的外引脚排列图,$\bar{R}_d$为异步清0端。表6.9是74LS175的逻辑功能表。该电路一步即可实现数据存放。

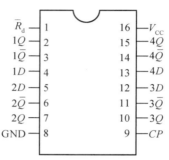

图 6.26　四位数码寄存器 74LS175 外引脚排列图

表 6.9　四位数码寄存器 74LS175 逻辑功能表

输入			输出	
$\bar{R}_d$	CP	D	Q	$\bar{Q}$
0	×	×	0	1
1	↑	1	1	0
1	↑	0	0	1
1	0	×	保持	

(2) 移位寄存器。

在数字电路系统中,由于运算的需要,常常要求寄存器中输入的数码能逐位移动,这种具有移位功能的寄存器称为移位寄存器。移位寄存器的功能和电路形式较多,按移位方向可分为单向移位寄存器和双向移位寄存器;接收数据的方式可分为串行输入和并行输入;输出方式可分为串行输出和并行输出。串行输入是指将数码从一个输入端逐位输入到寄存器中,而串行输出是指数码在末位输出端逐位出现。

移位寄存器有时要求在移位过程中数据不丢失,仍然保持在寄存器中,这时只要将移位寄存器的最高位的输出接至最低位的输入端,或将最低位的输出接至最高位的输入端即可。这种移位寄存器称为循环移位寄存器,它也可以作为计数器使用,称为环形计数器。

① 单向移位寄存器。

单向移位寄存器是指数码仅能做单一方向移动的寄存器,可分为左移寄存器和右移寄存器。图 6.27 是由 D 触发器组成的四位串行输入、串并行输出的左移寄存器。

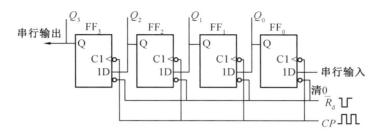

图 6.27　D 触发器组成的四位左移寄存器

图中 FF_3 是最高位触发器,FF_0 是最低位触发器,每一个低位触发器的 Q 端依次接到高一位触发器 D 端,只有最低位触发器 FF_0 的 D 端接收数码 D_i。D_0 为串行输入端,Q_3 为串行输出端,Q_3、Q_2、Q_1 和 Q_0 为并行输出端。所有触发器的复位端接在一起作为清 0 端。各触发器的 CP 均相同,显然是同步时序逻辑电路。其状态方程为

$$Q_0^{n+1} = D_0 = D$$
$$Q_1^{n+1} = D_1 = Q_0^n$$
$$Q_2^{n+1} = D_2 = Q_1^n$$
$$Q_3^{n+1} = D_3 = Q_2^n$$

假设各触发器的初始状态都为 0,若要寄存数码 1011,则可由串行输入端 D_0 输入一组与移位脉冲 CP 同步的串行数码 1011,则四位左移寄存器状态表见表 6.10。显然:经过 4 个移位脉冲作用后,4 位串行输入数码 1011 全部被送入移位寄存器,可以由 $Q_3Q_2Q_1Q_0$ 端并行输出,实现了将串行码转换成并行码的逻辑功能。为了加深理解,在图 6.28 中画出数码为 1011 时在寄存器中移位的波形图。

表 6.10　四位左移寄存器状态表

初始脉冲 CP	Q_3	Q_2	Q_1	Q_0	输出数据 D
初始	0	0	0	0	1
1	0	0	0	1	0
2	0	0	1	0	1
3	0	1	0	1	1
4	1	0	1	1	—
并行输出	1	0	1	1	—

当需要串行输出时,则 Q_3 端可作为串行输出端,再送入 4 个移位脉冲,移位寄存器中存放的 4 位数码 1011 就可由 Q_3 端全部移出,实现串入－串出的逻辑功能。

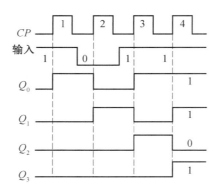

图 6.28　四位左移寄存器工作波形图

在左移寄存器中,数码的移动方向是自右向左,从而完成低位至高位的移动功能。若将各触发器的连接顺序调换一下,让左边触发器的输出作为右边触发器的输入,则可构成右移寄存器。若再添加一些控制门,则可构成既能左移也能右移的双向移位寄存器。

② 双向移位寄存器。

用边沿 D 触发器组成的一种四位双向移位寄存器如图 6.29 所示。图中数码的移位方向取决于移位控制端 X 的状态。当 $X=1$ 时,实现左移;当 $X=0$ 时,实现右移。D_{SL}、D_{SR} 分别为左、右移数码输入端,反相后接转换控制门。

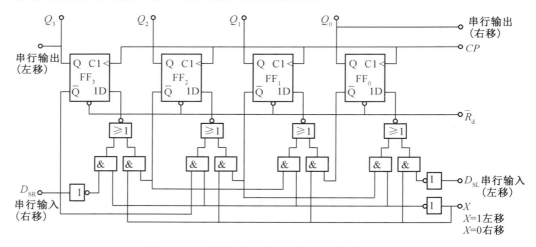

图 6.29　D 触发器组成的四位双向移位寄存器

其数码输入端的逻辑表达式为

$$D_0 = \overline{X\,\overline{D}_{SL} + \overline{X}\,\overline{Q}_1}$$

$$D_1 = \overline{X\,\overline{Q}_0 + \overline{X}\,\overline{Q}_2}$$

$$D_2 = \overline{X\,\overline{Q}_1 + \overline{X}\,\overline{Q}_3}$$

$$D_3 = \overline{X\overline{Q}_2 + \overline{X}\,\overline{D}_{SR}}$$

以 FF$_0$ 为例,当 $X=1$ 时,$D_0=D_{SL}$,实现左移;当 $X=0$ 时,$D_0=Q_1^n$,使 $Q_0^{n+1}=Q_1^n$,实现右移。同理,可以分析其他任意两位之间的移位情况。

③ 集成移位寄存器 74LS194。

集成移位寄存器 74LS194 由 4 个 RS 触发器及它们的输入控制电路组成。它是一种典型的中规模四位双向移位寄存器。图 6.30 是 74LS194 的逻辑符号和外引脚排列图。在其控制端加不同的电平,可实现左移、右移、并行置数、保持和清 0 等功能。其中 A、B、C、D 为并行数据输入端;D_{SL}、D_{SR} 分别为左移和右移串行数据输入端;CP 为移位脉冲输入端;$\overline{R}_d$ 为异步清 0 端;Q_A、Q_B、Q_C、Q_D 为并行数据输出端;S_1、S_0 为工作方式控制端。

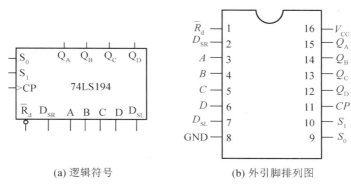

(a) 逻辑符号　　　　　(b) 外引脚排列图

图 6.30　74LS194 的逻辑符号和外引脚排列图

表 6.11 是 74LS194 的功能表。

表 6.11　**74LS194 功能表**

			输入								输出			功能说明
$\overline{R}_d$	S_1	S_0	CP	D_{SL}	D_{SR}	A	B	C	D	Q_A	Q_B	Q_C	Q_D	
0	×	×	×	×	×	×	×	×	×	0	0	0	0	清零
1	×	×	0	×	×	×	×	×	×	Q_A	Q_B	Q_D	Q_C	保持
1	1	1	↑	×	×	a	b	c	d	a	b	c	d	并行置数
1	0	1	↑	×	1	×	×	×	×	1	Q_A	Q_B	Q_C	右移
1	0	1	↑	×	0	×	×	×	×	0	Q_A	Q_B	Q_C	
1	1	0	↑	1	×	×	×	×	×	Q_B	Q_C	Q_D	1	左移
1	1	0	↑	0	×	×	×	×	×	Q_B	Q_C	Q_D	0	
1	0	0	↑	×	×	×	×	×	×	Q_A	Q_B	Q_C	Q_D	保持

当 $\overline{R}_d=1$,CP 上升沿来到时,电路才可能按 S_1、S_0 设置的方式执行移位或置数操作:

a. 当 $S_1=0$、$S_0=0$ 时,移位寄存器工作在保持状态。

b. 当 $S_1=0$、$S_0=1$ 时,移位寄存器工作在右移状态。

c.当 $S_1=1$、$S_0=0$ 时,移位寄存器工作在左移状态。
d.当 $S_1=S_0=1$ 时,移位寄存器工作在并行置数状态。

任务实施

1. 操作目的

(1)掌握用二进制计数器、十进制计数器构成任意进制计数器的方法。
(2)熟悉实验室数字电路实验设备的结构、功能与使用。

2. 实验设备与器材

二进制计数器 74LS161 芯片,74LS190 芯片,74LS160 芯片,导线,万能板,焊接工具。

3. 任务实施内容与步骤

二进制和十进制以外的进制统称为任意进制。要构成任意进制的计数器,只有利用集成二进制或十进制计数器,用反馈置零法或反馈置数法来实现。假设已有 N 进制计数器,要构成 M 进制计数器,则有 $M>N$ 和 $M<N$ 这两种可能。

(1)$N>M$ 时的任意进制计数器实现方法。

在 N 进制计数器的计数过程当中,设法跳过 $N-M$ 个状态,即可得到 M 进制计数器。实现跳过的方法有置数法和清零法两种。

① 置数法。

置数法适用于有预置数端的集成计数器。通过预置数功能让计数器从某个预置状态开始计数,计满 N 个状态后产生置数信号,使计数器又进入预置数状态,然后重复上述过程。图 6.31 为由 74LS161 用置数法构成的十二进制计数器电路图。

② 清零法。

清零法适用于有清零输入端的计数器。对异步清零方式,设 N 进制计数器从全 0 状态 S_0 开始计数,计数 M 个脉冲后进入 S_M 状态;由 S_M 状态译码产生一个置零信号加到计数器的异步置零输入端,则计数器将立刻返回到初态。由于电路一进入 S_M 状态后立即被置成初始 S_0 状态,所以 S_M 状态仅在瞬间出现,在稳定的状态循环中不包括 S_M 状态。这样计数器只在 $S_0 \sim S_{M-1}$ 共 M 个状态中进行计数循环,跳过了 $N-M$ 个状态,所以是 M 进制计数器。若是同步清零方式,则清零信号应从 S_{M-1} 状态译出,因为下一个 CP 到来时才能将计数器清零,稳定的状态循环中包括 S_{M-1} 状态。图 6.32 为 74LS161 用清零法构成的十二进制计数器电路图。

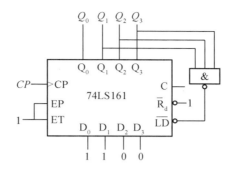

图 6.31　置数法构成的十二进制计数器电路图

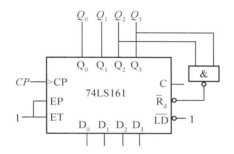

图 6.32　清零法构成的十二进制计数器电路图

③ 用 74LS160 构成七进制计数器。

因为 74LS160 兼具异步清零和预置数功能,所以置数法和清零法均可采用。图 6.33 所示电路是用置数法由 74LS160 构成的七进制计数器电路图。

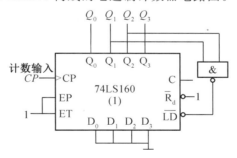

图 6.33　用置数法由 74LS160 构成的七进制计数器电路图

④ 用 74LS290 构成九进制计数器。

74LS290 构成的九进制计数器电路图如图 6.34 所示。

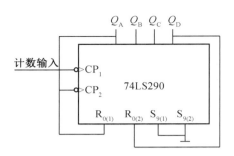

图 6.34　74LS290 构成的九进制计数器电路图

(2) $M > N$ 时的任意进制计数器。

① 实现方法。

利用计数器的级联扩展计数容量,在计数容量大于 M 后,再对级联后的计数电路使用置数法或清零法得到 M 进制计数器。

中规模集成计数器设置多输入端的主要目的之一是扩展逻辑功能,通过电路外部不同方式的连接,使其变为任意进制计数器。若一片计数器容量不够用时(即 $M < N$),可以将若干片计数器串联,这时总的计数容量为各级计数容量(进制)的乘积。

串联连接有同步式连接和异步式连接两种。在同步式连接中,计数脉冲同时加到各片上,低位片的进位输出信号作为高位片的片选信号或计数脉冲的输入选通信号。在异步式连接中,计数脉冲只加到最低位片上,低位片的进位输出信号作为高位片的计数输入脉冲。

② 用两片 74LS160 组成百进制计数器。

因为 74LS160 是十进制计数器,所以两级串联后,乘积正好是 100。

图 6.35 是用异步式连接的百进制计数器电路图。其中第一片的进位输出信号 C 经反相器反相后作为第二片的计数输入脉冲,显然这是一个异步计数器。

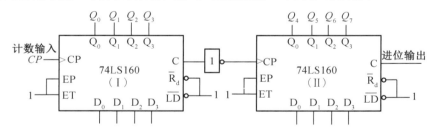

图 6.35　异步式连接的百进制计数器电路图

4. 总结任务完成情况,撰写任务实施报告

5. 任务反思

如何用二进制计数器芯片、十进制计数器芯片完成八进制计数器、十六进制计数器?

任务总结

本任务学习了集成计数器、寄存器的逻辑功能和任意进制计数器电路的设计与制作。集成计数器具有功能完善、通用性强、功耗低、工作速度快、功能可扩展等优点,应用非常广泛,但其内部只有二进制、十进制计数器芯片,实际应用中要设计电路,要用这两种芯片构成其他任意进制计数器。寄存器是计算机的主要部件之一,它用来暂时存放数据或指令,移位寄存器还具有移位功能。基本寄存器由 D 触发器组成,在 CP 脉冲作用下,每个 D 触发器能够寄存1位二进制码。在 $D=0$ 时,寄存器存储为 0;在 $D=1$ 时,寄存器存储为 1。当低电平为 0、高电平为 1 时,需在信号源与 D 触发器间连接一反相器,这样就可以完成对数据的存储。移位寄存器按照移位方向可以分为单向移位寄存器和双向移位寄存器。

任务测试

一、选择题(36 分)

1. 把一个五进制计数器与一个四进制计数器串联可得到(　　)进制计数器。
   A.4　　　　　　B.5　　　　　　C.9　　　　　　D.20

2. 下列逻辑电路中为时序逻辑电路的是(　　)。
   A.变量译码器　　B.加法器　　　　C.数码寄存器　　D.数据选择器

3. 5 个 D 触发器构成环形计数器,其计数长度为(　　)。
   A.5　　　　　　B.10　　　　　　C.25　　　　　　D.32

4. 1 位 8421BCD 码计数器至少需要(　　)个触发器。
   A.3　　　　　　B.4　　　　　　C.5　　　　　　D.10

5. 要求设计 0、1、2、3、4、5、6、7 这几个数的计数器,如果设计合理,采用同步二进制计数器,最少应使用(　　)级触发器。
   A.2　　　　　　B.3　　　　　　C.4　　　　　　D.8

6. 8 位移位寄存器,串行输入时经(　　)个脉冲后,8 位数码全部移入寄存器。
   A.1　　　　　　B.2　　　　　　C.4　　　　　　D.8

7. 某移位寄存器的时钟脉冲频率为 100 kHz,欲将存放在该寄存器中的数左移 8 位,则完成该操作需要(　　)。
   A.10 μs　　　B.80 μs　　　C.100 μs　　　D.800 ms

8. 要产生 10 个顺序脉冲,若用四位双向移位寄存器 CT74LS194 来实现,需要(　　)片。
   A.3　　　　　　B.4　　　　　　C.5　　　　　　D.10

9. 若要设计一个脉冲序列为 1101001110 的序列脉冲发生器,应选用(　　)个触发器。
   A.2　　　　　　B.3　　　　　　C.4　　　　　　D.10

二、判断题(12分,正确打√,错误打×)

1. 同步时序电路由统一的时钟脉冲CP控制。(　　)
2. 异步时序电路的各级触发器类型不同。(　　)
3. 环形计数器在每个时钟脉冲CP作用时,仅有一位触发器发生状态更新。(　　)
4. 把一个五进制计数器与一个十进制计数器串联可得到十五进制计数器。(　　)
5. 利用清零法获得N进制计数器时,若为异步清零方式,则状态S_N只是短暂的过渡状态,不能稳定而是立刻变为0状态。(　　)

三、填空题(15分)

1. 寄存器按照功能不同可分为_____寄存器和_____寄存器。
2. 由四位移位寄存器构成的顺序脉冲发生器可产生_____个顺序脉冲。

四、简答题(37分)

试分别采用清零法和置数法,用74LS163构成八进制计数器,要求:输出8421BCD码。

任务6.5　数字电子钟电路的设计与仿真

任务导入

电子钟亦称数显钟(数字显示钟),是一种用数字电路技术实现时、分、秒计时的装置。与机械时钟相比,直观性为其主要显著特点,且因非机械驱动而具有更长的使用寿命;相较石英钟的石英机芯驱动,电子钟更具准确性。目前,电子钟已成为人们日常生活中的必需品,广泛用于家庭及车站、码头、剧院、办公室等公共场所,给人们的生活、学习、工作、娱乐带来极大便利。

相对于其他时钟类型,电子钟的特点可归结为"两强一弱":比机械钟强在观时显著,比石英钟强在走时准确;但是它的弱点为显时较为单调。

本任务是时序逻辑电路设计的综合实践环节,要设计一个实现对时、分、秒数字显示的数字电子钟电路。

任务目标

(1) 使学生进一步掌握时序逻辑电路的理论知识,培养学生工程设计能力和运用所学知识综合分析问题、解决问题的能力。

(2) 使学生掌握组合逻辑电路、时序逻辑电路及数字显示电路的设计、安装和测试的方法,提高对数字电子电路的综合设计和实验能力。

(3) 具有正确选用电子元器件的能力,为以后从事生产和科研工作打下一定的基础。

（4）具有电路布局、布线、检查和排除故障的能力。

> 知识链接

1. 数字电子钟概述

对于那些对时间把握非常严格和准确的人或事来说，时间的不准确会带来非常大的麻烦，所以数字电子钟与机械式时钟相比表现出了很大的优势。数码管显示的时间简单明了而且读数快、时间准确显示到秒。而机械式时钟依赖于晶体振荡器，可能会导致误差。因此，研究数字电子钟电路有着非常现实的意义。

数字电子钟是采用数字电路实现对时、分、秒数字显示的计时装置。数字电子钟的精度、稳定度远远超过机械式时钟。钟表的数字化给人们生产生活带来了极大的便利，而且大大地扩展了钟表原先的报时功能，如定时自动报警、按时自动打铃、时间程序自动控制、定时广播、自动启闭路灯、定时开关烘箱、通断动力设备、各种定时电气的自动启用等。在这次任务中，我们采用 LED 数码管显示时、分、秒，以 24 h 计时方式，根据数码管动态显示原理来进行显示，用晶体振荡器产生振荡脉冲，定时器计数。在此次设计中，电路不仅具有显示时间的基本功能，还可以实现对时间的调整。数字电子钟因其小巧、价格低廉、走时精度高、使用方便、功能多、便于集成化等优点而受广大消费者的喜爱，得到了广泛的使用。

2. 数字电子钟电路的组成

数字电子钟的总体框图如图 6.36 所示，它由信号发生器，时、分、秒计数器，译码器及显示器，校时电路四部分组成。显示、译码、计数电路是用来完成电子钟的基本钟表显示、进位功能。脉冲电路产生 1 Hz 的秒脉冲。整点报时和手动校正也是电子表的基本功能。

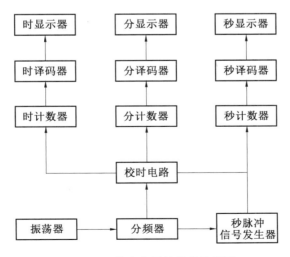

图 6.36　数字电子钟的总体框图

(1) 秒脉冲信号发生器。

秒脉冲信号发生器是数字电子钟的基础部分,其功能是每秒产生 1 个脉冲,作为计时的标准信号提供给计时电路。它的精度和稳定度决定了数字电子钟的质量。秒脉冲信号由振荡器与分频器组合产生。

① 振荡器。

振荡器主要产生时间标准方波信号,数字电子钟的精度取决于振荡器时间标准方波信号的频率和稳定度。常用的振荡电路有石英晶体振荡器和 555 集成芯片振荡器。

石英晶体振荡器的特点是振荡频率准确、电路结构简单、振荡稳定、频率易调整和温度系数小,可以满足一般数字电子钟走时准确性的要求。它还具有压电效应,在晶体某一方向加一电场,则在与此垂直的方向产生机械振动,有了机械振动,就会在相应的垂直面上产生电场,从而机械振动和电场互为因果,这种循环过程一直持续到晶体的机械强度达到限制时,才达到稳定。这种压电谐振的频率即为晶体振荡器的固有频率。

另一种常用的振荡器是由集成电路 555 定时器与 R、C 组成的多谐振荡器。图 6.37 为由 555 定时器和外接元件 R_1、R_2、C_1 构成的多谐振荡器,脚 2 与脚 6 直接相连。电路没有稳态,仅存在 2 个暂稳态。电路亦不需要外加触发信号,利用电源通过 R_1、R_2 向 C_1 充电,以及 C_1 通过 R_2 向放电端 C_2 放电,使电路产生振荡。电容 C_1 在 $\frac{1}{3}V_{CC}$ 和 $\frac{2}{3}V_{CC}$ 之间充电和放电。输出信号的时间参数为

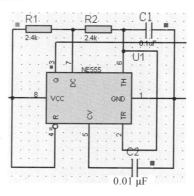

图 6.37 多谐振荡器

$$T=t_1+t_2, \quad t_1=0.7(R_1+R_2)C_1, \quad t_2=0.7R_2C_1$$

输出的脉冲频率为

$$f=\frac{1}{0.7(R_1+2R_2)C_1}$$

占空比为

$$q=\frac{R_1+R_2}{R_1+2R_2}$$

555 电路要求 R_1 与 R_2 均应大于或等于 1 kΩ,但 R_1+R_2 应小于或等于 3.3 MΩ。外部元件的稳定性决定了多谐振荡器的稳定性,555 定时器配以少量的元件即可获得

较高精度的振荡频率和具有较强的功率输出能力,因此这种形式的多谐振荡器应用很广。

② 分频器。

振荡器产生的时间标准方波信号通常频率都很高,要使它变成能用来计时的标准秒脉冲信号,需要使用一定级数的分频器进行分频。一般使用十进制计数器作为分频器。电路中分频器的级数和每级的分频次数要根据振荡频率和时基频率来决定。如时基频率为 1 MHz,要得到频率为 1 Hz 的秒脉冲信号,则应采用 6 级的十进制计数器作为分频器。

在图 6.36 中,振荡器时基频率 $f=1/[0.7(R_1+2R_2)C_1]=2$ kHz,相对应的分频器可采用 2 片中规模集成电路计数器 CD4518(双十加法计数器)来实现,从而得到需要的秒脉冲信号。CD4518 组成的分频器如图 6.38 所示。图中 U2:A 的 2 脚为振荡器 2 kHz 的信号输入,U3:B 的 11 脚输出 1 Hz 秒脉冲信号。

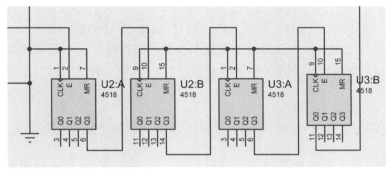

图 6.38　CD4518 组成的分频器

(2) 时、分、秒计时器。

计时器是数字电子钟的核心部分,秒脉冲信号经过 6 级计数器,分别得到"秒"的个位、十位,"分"的个位、十位,以及"时"的个位、十位的计时。根据 60 s 为 1 min,24 h 为 1 d 的进制,分别设定时、分、秒的计数器。从这些计数器的输出端可以得到 1 min、1 h、1 d 的时间进位信号。在秒计数器中,因为是六十进制,所以它有 60 个记忆状态,若用十进制数表示这 60 个状态,需要 2 位十进制数,这样"秒"的个位应是十进制数,"秒"的十位是六进制数。秒计数器通常用 2 个十进制计数器组成,然后采用反馈清零的方式使"秒"的十位变成六进制数,最后个位、十位合起来实现六十进制。分计数器和秒计数器的组成完全相同。时计数器中也用 2 个十进制计数器采用清零法实现二十四进制。

(3) 译码显示电路。

译码显示电路的功能是把从时、分、秒计时器输出的二进制代码翻译成七段数码管能显示的十进制数的信号,再经过数码管显示出来。计数器采用的码制不同,译码显示电路也不同。74LS47 译码器是与 8421BCD 编码计数器配合使用的七段译码驱动器。本系统用七段发光二极管来显示译码器输出的数字,显示器有两种:共阳极数码管和共阴极数码管。74LS47 译码器对应的显示器是共阳极数码管。

(4) 校时电路。

校时电路是数字电子钟不可缺少的部分,每当数字电子钟的时间与实际时间不符时,就需要根据标准时间进行校时。当数字电子钟接通电源或者计时出现错误时,就需要校时,校时是数字电子钟应具备的基本功能。为了电路简单,一般只对时和分进行校时。校时电路要求在时校正时不影响分和秒的正常计数,在分校时不影响秒和时的正常计数。通常,校正时间的方法是:首先截断正常的计数通路,然后再进行人工触发计数或将频率较高的方波信号加到需要校正的计数单元的输入端,校正好后,再转入正常计时状态即可。

3. 数字电子钟电路的工作原理

古语云"差之毫厘,失之千里",数字电子钟的制作过程要精确。数字电子钟实际上是一个对标准频率(1 Hz)进行计数的计数电路。秒信号产生器产生整个系统的时基信号,它将标准秒信号送入秒计数器,秒计数器采用六十进制计数器,每累计60 s发出一个分脉冲信号,该信号将作为分计数器的时钟脉冲。分计数器也采用六十进制计数器,每累计60 min发出一个时脉冲信号,该信号将被送到时计数器。时计数器采用二十四进制计时器,可实现对一天24 h的累计。译码显示电路将时、分、秒计数器的输出状态用七段显示译码器译码,通过七段显示器显示出来。整点报时电路根据计时系统的输出状态产生一脉冲信号,然后去触发一音频发生器实现报时。校时电路用来对时、分、秒显示数字进行校对、调整。

(1)计时电路的工作原理。

计时电路共分三部分:计秒、计分和计时。其中计秒和计分都是六十进制,而计时为二十四进制。

计时电路的核心器件是计数器。计数器的选择很多,常用的有同步十进制计数器74HC160及异步二—五—十进制计数器74LS90。这里选用74LS90芯片。

①74LS90计数器芯片。

74LS90内部是由两部分电路组成的。一部分是由时钟CKA与1个触发器Q_0组成的二进制计数器,可计一位二进制数;另外一部分是由时钟CKB与3个触发器Q_1、Q_2、Q_3组成的五进制异步计数器,可计5个数000~100。如果把Q_0和CKB连接起来,CKB从Q_0取信号,外部时钟信号接到CKA上,那么由时钟CKA和Q_0、Q_1、Q_2、Q_3组成十进制计数器。

$R_{0(1)}$和$R_{0(2)}$是异步清零端,二者同时为高电平有效;$R_{9(1)}$和$R_{9(2)}$为置9端,二者同时为高电平时,$Q_3Q_2Q_1Q_0=1001$;正常计数时,必须保证$R_{0(1)}$和$R_{0(2)}$中至少有一个接低电平,$R_{9(1)}$和$R_{9(2)}$中至少有一个接低电平。

74LS90应首先接成十进制计数器,如图6.39所示

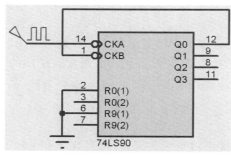

图6.39 74LS90接成的十进制计数器

74LS90内部原理如图6.40所示,这是一个异步时序电路。图中的S_1、S_2对应集成芯片的6、7管脚,R_1、R_2对应集成芯片的2、3管脚,CP_0对应14管脚,CP_1对应1管脚,Q_3、Q_2、Q_1、Q_0分别对应11、8、9、12管脚。

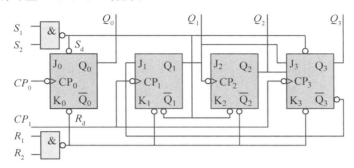

图 6.40　74LS90 的内部原理图

② 计秒、计分电路。

计秒电路是用2片74LS90异步计数器接成的1个异步的六十进制计数器。所谓异步六十进制计数器,即 2 片 74LS90 的时钟不一致。个位计数器的时钟脉冲信号频率为 1 Hz,用作秒计数;十位计数器的时钟脉冲信号需要由个位计数器来提供。

个位计数器的Q_3(11端)连接到十位计数器的CKA(14端)上,作为个位和十位之间的进位信号。74LS90 是在时钟的下降沿到来时计数,个位计数器接收秒脉冲输入,计数到 10 个脉冲(也即 10 s)的时候,Q_3产生一个下降沿,向十位计数器发出进位信号,使十位计数器加1。

当计秒到 59 s 时,向计分电路进位后希望秒计数器的计数回00。此时个位正好是计满 10 个数,不用清零即可自动从9回0;十位应接成六进制,即从 0～5 循环计数。用清零法,当 6 出现的瞬间,即$Q_3Q_2Q_1Q_0=0110$时,同时给$R_{0(1)}$和$R_{0(2)}$高电平,使这个状态变成0000,由于6出现的时间很短,因此被0取代。接线如图6.41所示。当十位计数到6时,输出 0110,其中正好有 2 个高电平,把这 2 个高电平Q_2和Q_1分别接到74LS90的$R_{0(1)}$和$R_{0(2)}$端,即可实现清零。一旦清零,Q_2和Q_1都为 0,不能再继续清零,恢复正常计数,直到下次Q_2和Q_1同时为1。

计分电路和计秒电路是完全一致的,只是周期为 1 s 的时钟信号改成了周期为 60 s(即 1 min)的时钟信号。使用74LS20四输入与非门串反相器构成与门实现秒向分的进位信号,如图6.42所示。计秒电路在计到 59 s 时的十位和个位的状态分别为 0101 和 1001,把这 4 个 1 相与,即十位的Q_2和Q_0、个位的Q_3和Q_0这 4 位输出相与的结果作为进位信号。当秒电路计到 59 s 时,产生一个高电平,在计到 60 s 时变为低电平,产生一个下降沿送给计分电路作时钟信号。

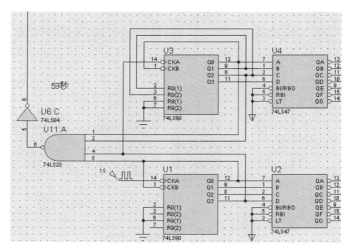

图 6.41　计秒电路向计分电路进位的时钟信号电路

计分电路实现分向时的进位过程与计秒电路进位类似,四输入与门产生的信号在 59 min 时产生一个下降沿送给计时电路。

③ 计时电路。

如图 6.42 所示,计时电路用 2 个 74LS90 实现二十四进制计数器。首先把 2 个 74LS90 都接成十进制,并且把 2 个 74LS90 之间连接成具有 10 的进位关系,即接成一百进制计数器;然后分别把个位的 Q_2 接到 2 个 74LS90 的 $R_{0(1)}$ 清零端,十位的 Q_1 接到 2 个 74LS90 的 $R_{0(2)}$ 清零端。每隔 1 h,计时电路从计分电路接到一个时钟信号,计数加 1;在计到 24 时,十位的 $Q_1=1$,个位的 $Q_2=1$,十位和个位同时清零。计满 24 h 后又开始下一轮的循环计数。

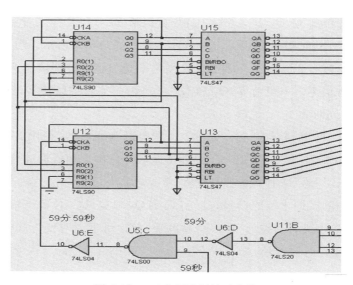

图 6.42　二十四进制计时电路

(2) 校时工作过程。

校时电路由去抖动电路和选择电路组成。校时电路主要完成校分和校时，如图 6.43 所示。选择校分时，拨动一次开关，分自动加一；选择校时时，拨动一次开关，时自动加一。校时、校分应准确无误，能实现理想的时间校对。校时、校分时应切断时、分、秒计数电路之间的进位连线。

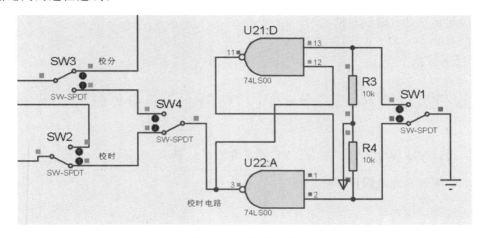

图 6.43 校时电路

① 去抖动电路。

去抖动电路主要是由 2 个与非门构成的低电平触发有效的 RS 锁存器，SW_1 为校时拨动开关，无论校分或校时都拨该开关。每拨动一个来回，在与非门的输出端产生一个稳定的下降沿。

② 选择电路。

SW_2 和 SW_3 都拨到左边，选择校时；SW_2 拨到右边、SW_4 拨到左边，选择校分；正常计数时，SW_3 和 SW_4 都拨到右边，与校时电路断开连接。

任务实施

1. 任务目的

(1) 掌握数字显示电路的设计、安装和测试的方法。

(2) 熟悉实验室数字电路实验设备的结构、功能与使用。

2. 任务实施内容与步骤

(1) 用中小型规模集成电路设计出所要求的数字电子钟电路。

(2) 在 Proteus 系统上完成硬件系统的设计和功能仿真。

(3) 在电路板上安装、调试出所设计的电路。

(4) 写出设计、调试、总结报告。

3. 任务要求

(1) 数字电子时钟能实现时、分、秒的计时数字显示,且为 24 h 制,并具有校分和校时功能。

(2) 设计时要综合考虑实用、经济并满足性能指标要求。

(3) 必须独立完成设计课题。

(4) 合理选用元器件。

(5) 按时完成设计任务并提交设计报告。

4. Proteus 电路原理图制作

在桌面上选择【开始】—【程序】—"Proteus 7 Professional",单击蓝色图标"ISIS 7 Professional"打开应用程序。

在编辑区,按照前面介绍的数字电子钟电路的各个部分工作原理,绘制出数字电子钟电路图。

5. Proteus 软件仿真

绘制好数字电子钟电路图后,设置仿真环境,开始仿真。

单击 Proteus ISIS 环境中左下方的仿真控制按钮 ▶ ▶| ‖ ■ 中的运行按钮,开始仿真。

本设计的 Proteus 仿真如图 6.44 所示

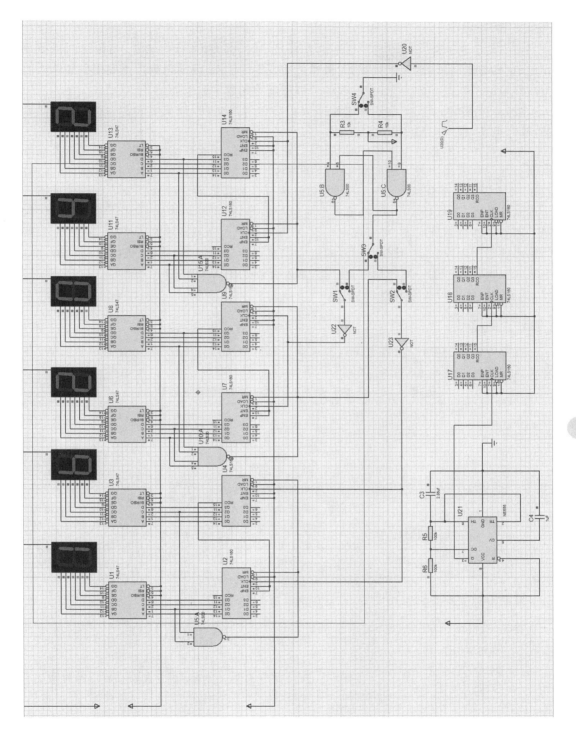

图 6.44　数字电子钟的 Proteus 仿真（彩图见附录）

任务总结

(1) 数字电子钟是一种利用数字电路来显示时、分、秒的计时装置,与传统的机械钟相比,它具有走时准确、显示直观、无机械传动装置等优点,因而得到广泛应用。随着人们生活环境的不断改善和美化,在许多场合都可以看到数字电子钟。

(2) 一个基本的数字电子钟电路主要由秒信号发生器,译码显示器,时、分、秒计数器,校时电路,报时电路和振荡器组成。

秒信号产生器是整个系统的时基信号,它直接决定计时系统的精度,一般用石英晶体振荡器加分频器来实现。将标准秒信号送入秒计数器,秒计数器采用六十进制计数器,每累计 60 s 发出一个分脉冲信号,该信号将作为分计数器的时钟脉冲。分计数器也采用六十进制计数器,每累计 60 min 发出一个时脉冲信号,该信号将被送到时计数器。时计数器采用二十四进制计时器,可实现对一天 24 h 的累计。译码显示电路将时、分、秒计数器的输出状态用七段显示译码器译码,通过七段显示器显示出来。整点报时电路根据计时系统的输出状态产生一脉冲信号,然后去触发音频发生器实现报时。校时电路用来对时、分、秒显示数字进行校对调整。

任务评价

本学习任务的考评点、各考评点在本学习项目中所占分值比、各考评点评价方式、各考评点评价标准见表 6.12。

表 6.12 任务五:数字电子钟的设计与仿真评价表

序号	考评点	占分值比	评价方式	评价标准		
				优	良	及格
一	要求能够正确识别元器件、分析电路、了解电路参数指标	15%	教师评价(50%)+互评(50%)	能正确识别、检测各种触发器、集成计数器等元器件,熟练掌握数字电子钟各组成电路工作原理及电路主要参数指标	能正确识别、检测触发器、集成计数器等元器件,基本掌握数字电子钟电路原理及电路主要参数指标	能正确识别、检测触发器、集成计数器等元器件,了解电路原理及电路主要参数指标
二	规划制作步骤与实施方案	20%	教师评价(80%)+互评(20%)	能详细列出元器件清单,熟练掌握元器件参数设置	能详细列出元器件清单,较熟练掌握元器件参数设置	能详细列出元器件清单,基本掌握元器件参数设置

续表6.12

序号	考评点	占分值比	评价方式	评价标准		
				优	良	及格
三	任务实施	30%	教师评价(20%)+自评(30%)+互评(50%)	电路布局合理，连线可靠、规范、一致性好，能熟练使用仿真工具进行电路仿真	电路布局合理，连线规范，能正确使用仿真工具进行电路仿真	电路布局合理，连线正确，能正确使用仿真工具进行电路仿真
四	任务总结报告	10%	教师评价(100%)	格式标准，有完整、详细的数字电子钟电路制作的任务分析、实施、总结过程记录，并能提出一些新的建议	格式标准，有完整的数字电子钟电路制作的任务分析、实施、总结过程记录，并能提出一些新的建议	格式标准，有完整的数字电子钟电路制作的任务分析、实施、总结过程记录
五	职业素养	25%	教师评价(30%)+自评(20%)+互评(50%)	工作积极主动、精益求精，不怕苦、不怕累、不怕难，遵守工作纪律，服从工作安排	工作积极主动，不怕苦、不怕累、不怕难，遵守工作纪律，服从工作安排	工作认真，不怕苦、不怕累、不怕难，遵守工作纪律，服从工作安排

参 考 文 献

[1] 余秋香,张建荣,刘吉祥.数字电子技术[M].上海:同济大学出版社,2018.
[2] 黎小桃,余秋香.数字电子电路分析与应用[M].北京:北京理工大学出版社,2014.
[3] 闫石.数字电子技术基础[M].5版.北京:高等教育出版社,2006.
[4] 康华光.电子技术基础 数字部分[M].5版.北京:高等教育出版社,2006.
[5] 邓木生,张文初.数字电子电路分析与应用[M].北京:高等教育出版社,2008.
[6] 余孟尝.数字电子技术基础简明教程[M].2版.北京:高等教育出版社,1999.
[7] 朱祥贤.数字电子技术项目教程:项目式[M].北京:机械工业出版社,2010.
[8] 邵利群,黄璟.数字电子技术项目教程[M].北京:清华大学出版社,2012.
[9] 牛百齐,毛立云.数字电子技术项目教程[M].北京:机械工业出版社,2012.
[10] 贺力克,邱丽芳.数字电子技术项目教程[M].北京:机械工业出版社,2012.
[11] 张建国,张素琴.数字电子技术[M].北京:北京理工大学出版社,2007
[12] 林涛.数字电子技术基础[M].北京:清华大学出版社,2006
[13] 刘金华.数字电子技术[M].北京:北京大学出版社,2010.
[14] 沈任元.数字电子技术基础[M].北京:机械工业出版社,2010.
[15] 韩焱.数字电子技术基础[M].北京:电子工业出版社,2009.
[16] 焦素敏.数字电子技术基础[M].2版.北京:人民邮电出版社,2012.
[17] 唐治德.数字电子技术基础[M].北京:科学出版社,2009.
[18] 江捷,马志诚.数字电子技术基础[M].北京:北京工业大学出版社,2009.
[19] 李庆常.数字电子技术基础[M].3版.北京:机械工业出版社,2008.
[20] 吴晓渊.数字电子技术教程[M].北京:电子工业出版社,2006.
[21] 夏路易.数字电子技术基础教程[M].北京:电子工业出版社,2009
[22] 李汉珊.电工与电子技术实验指导[M].北京:北京理工大学出版社,2007
[23] 朱清慧.Proteus教程:电子线路设计、制版与仿真[M].2版.北京:清华大学出版社,2011.

附录　　部分彩图

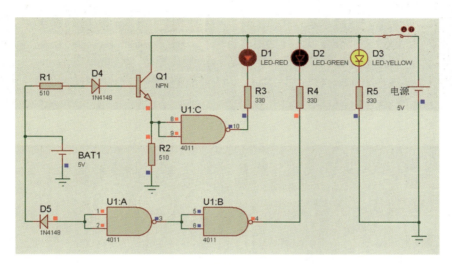

图 1.26

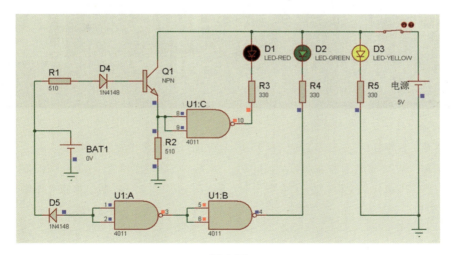

图 1.27

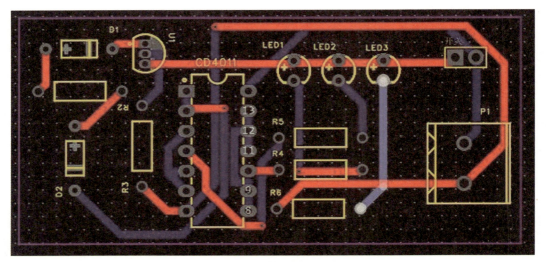

(a)

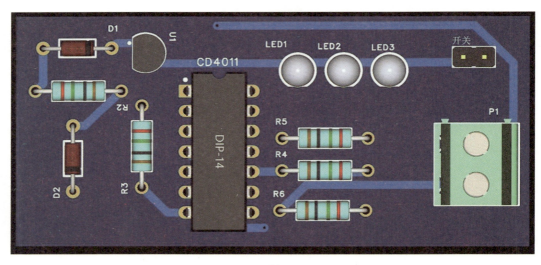

(b)

图 1.30

附录 部分彩图

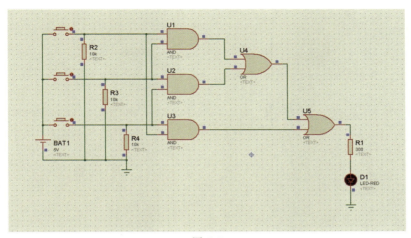

图 2.9

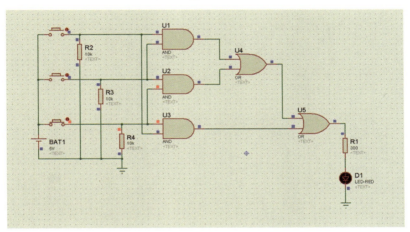

图 2.10

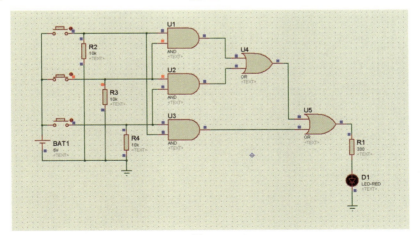

图 2.11

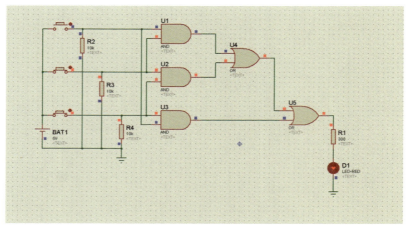

图 2.12

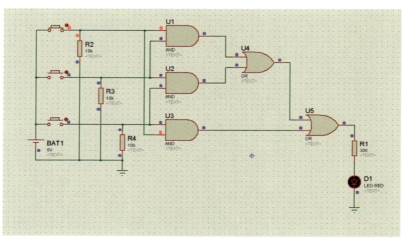

图 2.13

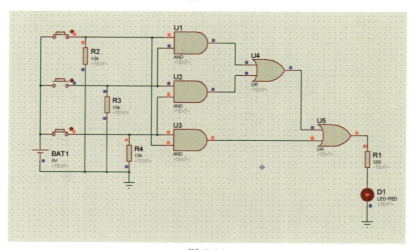

图 2.14

附录 部分彩图

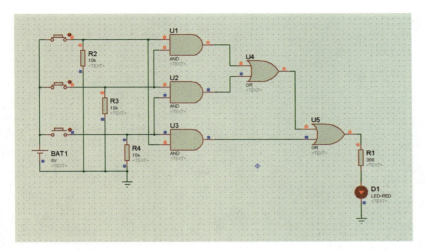

图 2.15

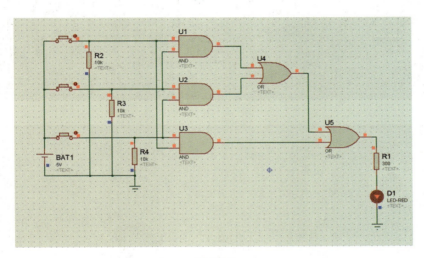

图 2.16

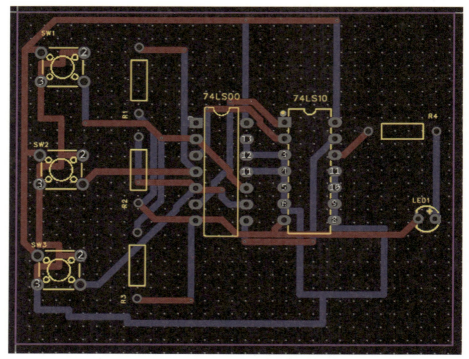

(a)

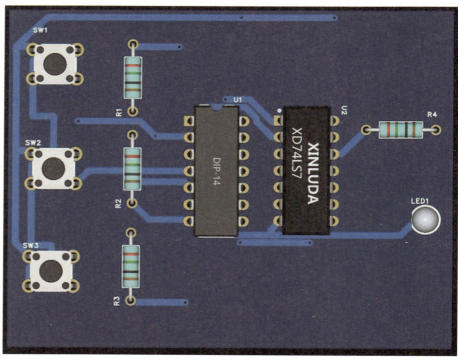

(b)

图 2.17

附录　部分彩图

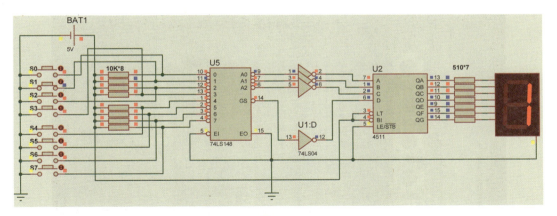

图 3.19

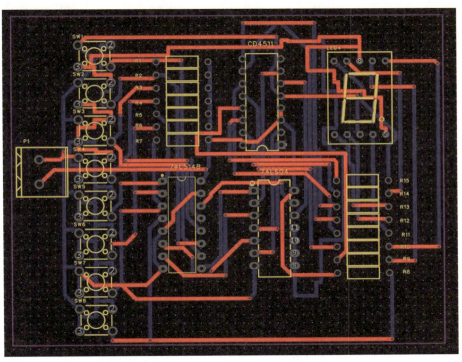

(a)

图 3.25

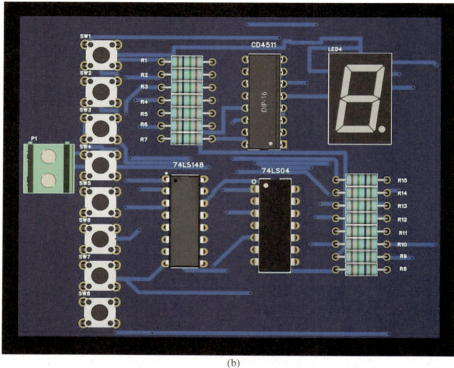

(b)

续图 3.25

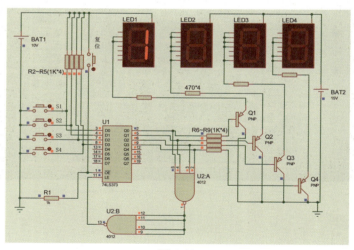

图 4.21

附录 部分彩图

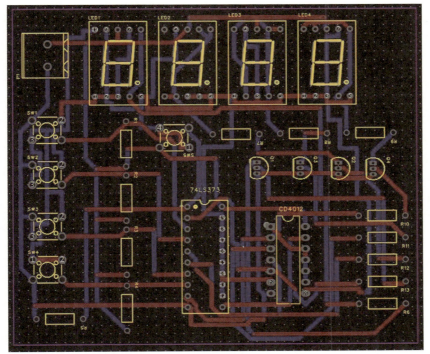

(a)

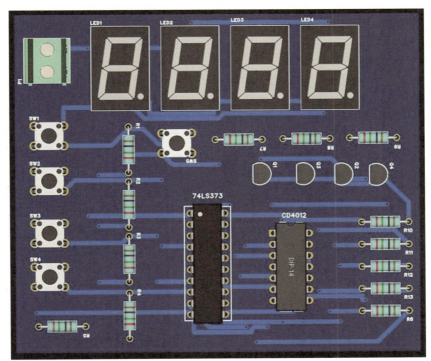

(b)

图 4.22

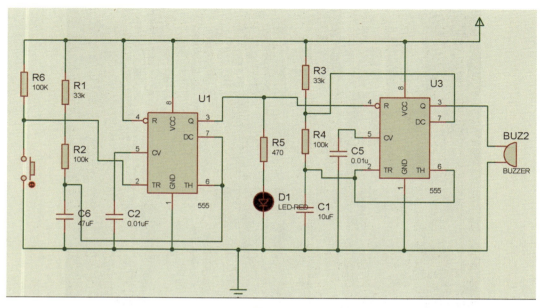

图 5.18

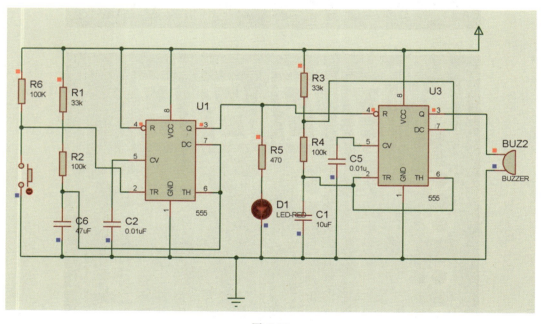

图 5.19

附录　部分彩图

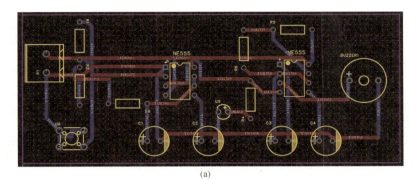

图 5.20

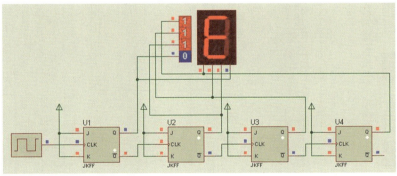

图 6.16

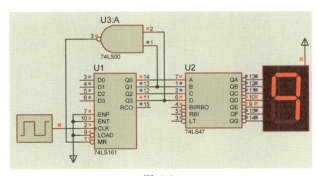

图 6.20

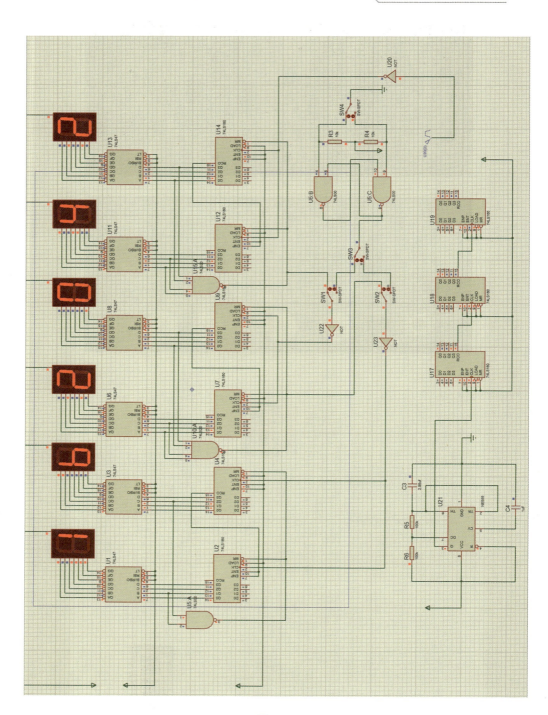

图 6.44